藏在名著里的数学 ②

杨翊 著

中国妇女出版社

图书在版编目（CIP）数据

藏在名著里的数学．2 / 杨翊著． -- 北京 ：中国妇
女出版社，2023.3(2023.10重印)
ISBN 978-7-5127-2193-7

Ⅰ.①藏… Ⅱ.①杨… Ⅲ.①数学－少儿读物 Ⅳ.
①O1－49

中国版本图书馆CIP数据核字（2022）第191529号

选题策划：朱丽丽
责任编辑：朱丽丽
封面设计：李　甦
责任印制：李志国

出版发行：中国妇女出版社
地　　址：北京市东城区史家胡同甲24号　　邮政编码：100010
电　　话：（010）65133160（发行部）　　65133161（邮购）
网　　址：www.womenbooks.cn
邮　　箱：zgfncbs@womenbooks.cn
法律顾问：北京市道可特律师事务所
经　　销：各地新华书店
印　　刷：北京通州皇家印刷厂

开　　本：165mm×235mm　1/16
印　　张：14
字　　数：150千字
版　　次：2023年3月第1版　　2023年10月第2次印刷
定　　价：49.80元

如有印装错误，请与发行部联系

前　言

　　小时候，我看过一部用动画的形式讲解数学的动画片《唐老鸭漫游数学奇境》，让那时的我无比震惊，同时认识到数学是一门神奇的学科，也是很好玩的学科。数学并不枯燥，更不是"天书"，要想走进数学的殿堂，我们可以从兴趣这一站出发。

　　而包括中国古典名著在内的世界名著，是我们认识这个世界的一个重要窗口。

　　名著之所以是名著，就因为它已经被时间和无数读者检验，证明它是文学宝库中的精品之作。

然而名著又因为它的博大精深，让很多小读者望而却步，这才有了很多经过改编、缩减的少儿版名著。我写的这套书也可以说是用数学来重新演绎名著，小读者可以从中一窥名著的魅力，但我还是希望小读者有时间去读一读原版的名著，甚至可以对照着我写的这套书来看一看，同样的故事，名著用了怎样的语言、怎样的结构。

另外，有人可能会问：名著中真的会有数学吗？

答案是肯定的，因为数学无处不在嘛！

比如，我在本套书第1册讲《西游记》中的数学思维，在"多目怪藏药箱的体积"这一节写"道士拿到等子，小心翼翼地称出一分二厘"，分作十二份……《西游记》原文中是这样写的："内一女子急拿了一把等子道：'称出一分二厘，分作四分。'"

再比如，同样是这本书，"盘丝洞的蛛网数阵"一节里有这样的描述："濯垢泉流进的浴池约有五丈阔、十丈长，内有四尺深浅。"在故事中，善于观察和思考的孙悟空便就此思量起浴池的容积问题。而《西游记》

原文中是这样写的："那浴池约有五丈余阔，十丈多长，内有四尺深浅，但见水清彻底。"你们看，从数学这个角度说，我写的这一段是不是非常忠实于原著呢？而且原著中也确实如此令人惊喜地讲到了容积的数学概念。

这样的例子还有很多，我就不一一举例说明了，相信细心读书的你们一定会有所发现。

有的小读者可能还会有疑问：名著里的故事那么多，你写得也不全嘛！

的确是这样。名著动辄上百万字，我写作这套书的主要目的是以名著故事为媒介，让数学逻辑题尽可能与故事相融合，因此选取的故事也要能跟数学联系到一起，毕竟类似上面浴池的例子，名著中不可能每个故事都明确讲述。另外，限于篇幅的关系，每本书不能太厚、太吓人，否则阅读起来也会很不方便。

我写这套书，不只是为了让书里涉及的数学知识能帮你们学好数学，考出高分，更重要的是让你们喜欢上数学，爱上数学，充分感受到数学的魅力和价值！

因此，我在书里提供了开阔的数学视野、详尽的解题思路，就是为了一步一步培养和训练你们的数学思维，帮助你们攀登数学的高峰。

不过，因为要将更多的现代常用数学知识融入名著故事，我在书中会有一些杜撰的成分，比如在三国时期不可能有阿拉伯数字，更不会有 x、y 这些代数中所用的未知数，这样写是为了拉近名著、数学与小读者们的距离，希望大家可以意识到这些杜撰成分在史实中是没有的。此外，为了尽可能营造古代的氛围，我还在书中用了"时辰""石"等很多古代的度量单位，而现在这些度量单位已经废止不用了，也请大家注意。

相信我，生活是离不开数学的，数学无处不在。

希望每个人都能因为学好了数学，与数学结缘，而收获更加丰富精彩的人生。

目 录

　　纣王是商朝帝乙的第三个儿子，帝乙驾崩时，托孤给老臣闻仲辅佐纣王继位天子，定都朝歌。可惜纣王后期废先王之典，残暴昏庸，重用费仲、尤浑这样的奸臣，使得朝野动荡，民不聊生。这天，纣王早朝登殿，对阶下站立的文武百官说："有事出班，无事散朝。"

　　纣王话音未落，文官队列中站出了宰相商容，他说："启奏大王，明天就是三月十五日了，那可是女娲娘娘她老人家的生辰之日，请大王驾临女娲宫上香！"

　　纣王问："女娲何许人也？有何功德？"

　　商容于是禀明纣王："女娲娘娘乃上古神女，生有圣德。当年共工氏头触不周山，天倾西北，地陷东南。要不是女娲娘娘采了五色石补天，那就是一场天崩地裂的大灾难啊！如此福国庇民的正神，大王理当前往上香！"

　　纣王一听，点头道："嗯，准奏！"

于是第二天，纣王驾着御辇，由武成王黄飞虎保驾，带着两班文武、三千铁骑、八百御林军，浩浩荡荡地就往女娲宫去了。

到了女娲宫前，纣王离辇上殿，焚炉上香，一边观看殿中美景，只见金童玉女俏立，白鹤彩鸾起舞，又有沉香宝座、金炉银烛、飞龙走凤……美不胜收。

就在这时，突然刮起一阵大风，把帐幔卷了起来，现出女娲娘娘的金身圣像——容貌瑞丽，国色天姿，好比仙子下凡，嫦娥临世。

纣王看到后，居然题写了一首对女娲娘娘大不敬的诗。待到女娲娘娘的真身从火云宫朝贺伏羲、炎帝、轩辕三圣回来，下了青鸾，刚在宝殿里稍事休息，猛一抬头，看见粉壁上纣王题写的诗句，不禁大怒："无道昏君！你不想着修身立德，以保天下，反倒不畏上天，连上古正神都敢羞辱！你们成汤天下六百余年的气数已尽，今天不给你个报应，不知道我女娲娘娘的厉害！"

这才引出了女娲娘娘下令轩辕坟三妖——千年狐狸精、玉石琵琶精、九头雉鸡精迷惑纣王，使殷商王朝毁灭的故事。

100万只妖精数多久

女娲娘娘决定召唤手下的妖精来对付纣王，她当即叫金童从后宫取出一个金光灿灿的葫芦。这金葫芦可是一件宝物，她先把金葫芦摇了摇，然后揭去封盖，用手一指，只见一道白光从葫芦口里飞射而出，高四五丈有余。白光中，突然出现一面小幡，幡上写着金灿灿的"招妖幡"三个大字。这招妖幡可厉害了，只要摇一摇，就能召唤万妖。

女娲娘娘摇动几下招妖幡，一阵"咔嚓咔嚓"的声响过后，明亮的天地间突然刮来了一阵阴森的狂风，紧接着是一片幽幽的雾气，四面八方的妖魔鬼怪一齐冒了出来，恭恭敬敬地跪成一排，准备接受女娲娘娘的法旨。

女娲娘娘将手一挥，说："你们暂且退下，只要千年狐狸精、九头雉鸡精和玉石琵琶精留下，我有话要说。"

众妖立即遵命退下。

金童、玉女两个胆小，不敢见妖精，藏在女娲娘娘的后宫里小声嘀咕。

金童说："娘娘的招妖幡号称能招万妖，假设一秒钟可以数一只妖精，那么 100 万只妖精要数多久呢？"

玉女偷笑道："你自己算一算不就知道喽。

"1 分钟有 60 秒；

"1 小时有 60 分钟；

"1 天有 24 小时；

"所以 1 天有 $60 \times 60 \times 24 = 86400$（秒）；

"数 100 万只妖精要 100 万秒，那么，

"$1000000 \div 86400 \approx 11.6$（天）。

"你不吃不喝不睡觉，一刻不停地去数妖精，也要花将近 12 天才能数完呢！"

恩州驿双向发车

话说苏护恨纣王昏庸无道，还被纣王威逼利诱，要自己的爱女妲己嫁给他。苏护本有心以死抗争，但为了君臣之义，为了黎民百姓免受战争的荼毒，最终还是答应把女儿送去朝歌。

苏护跟家人嘱托好，伤感了一夜。次日点三千人马、五百家将，护送妲己起程。妲己拜别了母亲和长兄，哭得是梨花带雨。

一路上逢州过县，涉水登山。这一天天色将晚，刚到恩州地界，就见恩州驿驿丞在前面迎接。

苏护拱手道："烦请驿丞收拾驿馆的贵宾客房，好安置贵人。"

驿丞却支支吾吾道："不是我吓唬人啊，这家驿馆三年前出了一个妖精，之后凡有一应过往老爷，为了安身保命，都不敢在里面安歇，请贵人权且在行营安歇，可保安枕无忧，不知老爷尊意如何？"

苏护却不信邪，大喝道："天子贵人，怕什么妖魅！放着好好的驿馆不住，让我们住兵营？真是岂有此理！废话少说，快去打扫驿中贵宾客房，若是耽误了贵人歇息，拿你问罪！"

驿丞看出苏护是把对纣王的怨气往自己身上撒呢！不敢再多说什么，赶紧为他们准备了最好的房间。苏护的其余家将人数太多，还是住在行营里面。

这驿馆不愧是"皇家招待所"，装饰得格外豪华，贵宾客房更是配置了檀木熏香，对消除旅途疲劳分外有益。

苏护住得舒服了，气也消了大半，兴致勃勃地跟送茶的伙计聊起天来。

原来驿馆还承担着驿站的功能，跟旁边的冀州驿互发马车，传递信息和货物。

马车从这条线路的起点（恩州驿）行驶至终点（冀州驿）需要1个时辰（相当于2小时），回来也需要同样长的时间。伙计像是要故意考考苏护似的问道："苏大人，如果每隔两刻钟（$\frac{1}{4}$时辰）从这条线路两端同时发出一辆马车，那么每辆马车一共会遇到几辆对面驶来的马车呢？"

苏护猛一听，觉得这道题目太容易了，心想：全程 1 个时辰，间隔 $\frac{1}{4}$ 时辰发车，$1 \div \frac{1}{4} = 4$，两个驿站在 1 个时辰内都会发 4 辆马车。因为路程和花费的时间都一样，所以每辆马车的速度也都相同。因此，从恩州驿发出的马车在 $\frac{1}{2}$ 时辰会遇到对面驶来的第一辆马车，在后面的 $\frac{1}{2}$ 时辰又会遇到后面发出的另外 3 辆马车，因此遇到 4 辆马车。他正要回答，又一想，不对，应该是 5 辆马车。因为这辆车到终点站冀州驿时正好有一辆马车出发，所以应该遇到 4+1 = 5 辆马车。

苏护跟伙计求证后，却被告知答案不完全正确。伙计很认真地用手指蘸了茶水在桌面上画了一张图，如下所示。

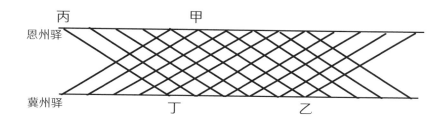

丙　　　　　　　甲

恩州驿

冀州驿

丁　　　　　乙

　　然后，伙计说："苏大人，这图中上、下两条直线代表两个驿站发车的时间线，时间线往画面右方就是未来，时间线上还画了许多相等的间隔，每个间隔代表$\frac{1}{4}$时辰，每条斜线代表一辆马车，而两条斜线相交的点就表示两辆马车相遇的地方。

"比如，甲乙这条线代表甲时刻离站下行的马车，它在1个时辰（4个时间间隔）后行至终点（乙时刻）。您可以清楚地看到，它要遇到对面驶来的马车不是4辆，也不是5辆，而是9辆（9个相交点）。其中包括它刚离起点站时正好进站的一辆马车和它到达终点站时正好出站的一辆马车。

"您再看丙丁这条线，这条线表示头班马车的情况，它只遇到5辆对面驶来的马车。而二班马车遇到6辆对面驶来的马车，以后逐班递增，增至遇到9辆对面驶来的马车就到顶了。接近末班马车的情况与这类似，从遇到9辆对面驶来的马车逐班递减至只遇到5辆对面驶来的马车（末班马车）。

"所以发车相遇问题看似简单，其实很复杂，有峰值也有谷值，苏大人刚刚的答案只能说还不完全对，遇到5辆对面驶来的马车只是头班或末班马车的情况，需要像这样作图来分析所有情况才对。"

苏护点了点头，忽听后院妲己的客房传来一声尖叫。苏护暗道不妙，提起宝剑就直奔妲己的客房。

隔着门扇，只见房间里阴风阵阵，黑咕隆咚，苏护刚要撞门，里面的灯却点亮了，只见妲己穿戴整齐，款款走出，看模样毫无异状。

"刚刚你是不是发出了叫声？"

"是啊，爹爹，小女只是做了一个噩梦，现在已经没事了。爹爹您也早点安歇吧。"

苏护虽然心存疑惑，却也没再多言。他可不知道，从此刻起，他的爱女妲己已被千年狐狸精附体，她正是奉了女娲娘娘的旨意，要找纣王报仇，断送这殷商王朝六百年的基业！

自测题

S1 路公共汽车从起点西单站到终点东单站全程 15 分钟。如果每隔 5 分钟，从这条线路两端同时发出一辆公共汽车，那么每辆公共汽车一共会遇到几辆对面驶来的车呢？

遇到这类题目，可以先画一张示意图，问题的解答就一目了然了。

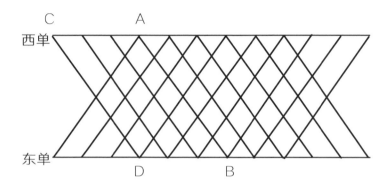

图中上下两条直线代表两个站发车的时间线，时间线往画面右方就是未来，时间线上还画了许多相等的间隔，每个间隔代表 5 分钟，每条斜线代表一辆公共汽车。

比如 AB 这条线代表 A 时刻离站下行的公共汽车，它在 15 分钟（3 个时间间隔）后行至终点（B 时刻）。我们可以清楚地看到，它遇到的对面驶来的车是 7 辆（7 个相交点），其中包括它刚离起点站时正好进站的一辆车和它到达终点站时正好出站的一辆车。

我们再来看 CD 这条线，这条线表示头班车的情况，它只遇到 4 辆对面驶来的车。而二班车遇到 5 辆对面驶来的车，以后逐班递增，增至遇到 7 辆对面驶来的车就到顶了。接近末班车的情况与之类似，从遇到 7 辆对面驶来的车逐班递减至只遇到 4 辆对面驶来的车（末班车）。

云中子木剑上的图形

话说自妲己入宫以来，纣王被其魅惑，天天纵酒欢歌，不理朝政。

终南山玉柱洞的云中子见朝歌城妖气漫天，看不过去，便做了一把除妖的木剑，赠予纣王。

纣王见此剑只是松枝削成，颇为轻视，翻过来一看，却见剑的另一面刻着一个图案，不禁啧啧称奇："这圆刻得比月亮还圆。这圆圈里的小山又刻得见棱见角！先生的法术还没见识，但刻画之道颇具功底！"

云中子趁机道出木剑镇妖的玄机，又说："大王要画这个图案也不难，只需一块圆布片就能做到。"

只见云中子从花篮里翻出了一块圆布片，按照如下步骤折叠起来：

第一步，将圆布片对折，折出任意两根相交的直径，定出圆心 O（如图 1 所示）。

第二步，以任一点 A 为弦的一头，如图折起一个弓形，使 O 点重合于圆弧上，弦的另一头 B 点，就是圆内接正三角形的另一个顶点（如图 2 所示）。

第三步，同样方法找到 C 点。

第四步，把 A、B、C 三个点相互连接就画出了圆的内接正三角形（如图 3 所示）。

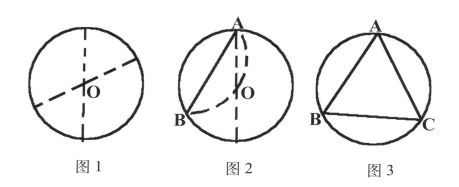

图 1　　　　　图 2　　　　　图 3

纣王看了赞叹不已。

云中子便让纣王把木剑悬挂在分宫楼上，只需三日，自有应验。

三日内，妲己果然痛苦不堪，将要现出妖狐原形，但她实在狡猾，反赖那把木剑让她受了惊吓，才惊出一场大病。

纣王心疼妲己，命人速速将木剑烧毁。这么一来，妖狐可就缓过劲儿来，她心里恨啊，于是想要发明一种酷刑来对付那些异己之辈。

再说朝歌文臣中有一太师杜元铣，执掌司天台，擅观天象，相当于现在的国家天文台台长。他夜观天象，见妖气日盛，定有不祥；又见天子荒淫，不理朝政，权奸蛊惑，天愁民怨，成汤大业眼看就要毁于一旦。杜元铣受先帝重恩，不忍坐视不理，于是想要力谏天子。

杜元铣来到文书房，正好见到了老丞相商容。商容对纣王不理朝政也颇有怨言，于是答应代替杜元铣去内廷面奏，当面劝解大王。

老丞相商容来到纣王的寝宫寿仙宫前，可是到了这里，却被奉御官拦住了。

"这里是圣躬寝室，外臣不得擅入！"

商容好话说尽，奉御官才代为传话给纣王。

纣王总算念商容是三世老臣，宣他进见。

商容把杜元铣观天象的事情一说，谁知纣王听了却气不打一处来。原来，他正恨云中子的木剑惊扰了爱妃妲己，纣王没地儿抓云中子，就把气全撒在杜元铣身上。

"他这是妖言惑众，杀无赦！"纣王当即传下旨意，要把杜元铣枭首示众，以戒妖言。

商容想再谏，怎奈纣王不从，还被奉御官请出了宫。

再说杜元铣被剥去衣服，绳缠索绑，被押至九龙桥时，遇到了大夫梅伯。梅伯也是忠臣，赶紧进殿要保杜元铣。

梅伯别的都好，就是脾气暴躁，因为纣王多日不上朝，早就憋了一肚子火，再加上今日纣王要杀杜元铣，只气得五灵神暴躁，三昧火烧胸！

见到纣王后，梅伯的言辞有些冲撞："昏君听妲己之言，失君臣之义！今斩元铣，岂是斩元铣，实是斩朝歌万民啊……"

纣王哪里听得进去，只有越听越恼，拍案道："把梅伯拿下去，金瓜击顶！"

可就这样，一旁的妲己还不满意呢，觉得这种刑罚实在是便宜了梅伯，于是叫住了纣王："将梅伯暂时囚禁，妄治一刑，杀一儆百，以儆效尤，保管满朝文武再没人敢跟您龇牙！"

原来妲己想出的酷刑便是高二丈，圆八尺，上、中、下三层火门，内生炭火的铜柱，名为"炮烙"。

后来，梅伯就成了炮烙的第一个牺牲者，文武百官敢怒不敢言。老丞相商容自愧救不下忠臣，洒着老泪，告老还乡了。

圆内接三角形

在同圆或等圆内，三角形的三个顶点均在同一个圆上的三角形就叫作圆内接三角形。

它的一个重要性质是：在同圆内，这个内接的等边三角形将圆分成相等的三段弧，三角形的三个顶点正好是圆的三等分点。

你们仔细观察下面的图形，是不是里面的三角形将圆分成了相等的三段圆弧？

西伯侯九十九子报数

话说西岐在西伯侯姬昌的治理下，老百姓安居乐业，生活富足。

姬昌觉得西岐的人丁少了一些，与朝歌这样的大都城人口数量相距甚远。人口红利不能小觑，于是姬昌下达鼓励生育的政策，作为西岐之主，姬昌还带头作表率。就这样姬昌开始生子，生了一个又一个，生了一个又一个，生了一个又一个……

后来，姬昌想知道自己到底有多少儿子，就把所有儿子都叫来，让他们围成一圈，按顺时针开始报数，结果报 1 的和报 100 的是同一个人。

根据报数的情况，姬昌算出自己一共有 99 个儿子。

在一旁侍立良久的大夫散宜生忽然说道："主公，您知道除了 1 个人和 99 个人，还有几人围成一圈可以满足报 1 的和报 100 的是同一个人的情况吗？"

姬昌沉思道:"要想满足报 1 的和报 100 的是同一个人的情况,可以先用两者相减,即 $100 - 1 = 99$,实际上,求出的这个差——99 的所有约数都能满足这个情况,即 $99 = 9 \times 11 = 3 \times 3 \times 11 = 33 \times 3 = 99 \times 1$;所以,3 个人、9 个人、11 个人、33 个人也可以满足报 1 的和报 100 的是同一个人。散大夫,我说

的可对？"

"主公高明！"其实，散宜生故意岔开话题，就是
为了避免姬昌再为儿子的事情烦恼。

可姬昌却依旧起了心结，他觉得 99 这个数目还不
够圆满。

这天，姬昌在燕山下打猎，忽然天空中掉下雨点，
姬昌怕大家被淋成落汤鸡，就带着随从进入茂林避雨。
不多一会儿，大雨倾盆而下，半个时辰后，风云不减，
天边又划出了几道闪电。

姬昌掐指一算，闪电之后势必有惊雷，于是吩咐众
人："小心，要打雷了！大家分散躲雨，别让一个落雷
把咱们大家都劈了。"

大家都说："主公高见。"于是纷纷站开。就在这
时，天边忽然一道白光闪过，紧跟着霹雳交加，震动
山河。众人大惊失色，都挤在一处。好在虚惊一场，没
有谁真的被雷劈到。又过了一会儿，云散雨收，日色当
空，还出现了一道美丽的彩虹。姬昌正看得心旷神怡，
忽然一阵婴儿的啼哭声打断了他的雅兴。

那婴儿哭声嘹亮，简直不弱于刚刚的惊雷之声。有

随从找到小婴儿，把小婴儿抱过来给姬昌看。姬昌一看，这小婴儿长得真是好看，面如桃蕊，目似星辰，就是嘴巴不好看，有点像雷公。

姬昌却很喜欢，心想：我已经有 99 子，这回可以凑成一百之数了。于是他便收养小婴儿为第 100 个儿子。因为是打雷后得的儿子，姬昌便为他取名雷震子。

很快，雷震子被前面提到过的云中子收作徒弟，父子一别就是 7 年。

自测题

一个班 49 个同学围成一圈，从 1 开始报数，结果报 1 的和报 50 的是同一个人。你们知道除了 1 个人和 49 个人，还有几人围成一圈可以满足报数时报 1 的和报 50 的是同一个人的情况吗？

50 − 1 = 49，49 的所有约数都可以满足题目要求，即 49 = 7 × 7 = 49 × 1；

所以，7 个人也可以满足报数时报 1 的和报 50 的是同一个人。

如果不信，可以请同学们帮你一起来报数验证一下。

七香车的初始速度

伯邑考，又叫姬考，是周文王姬昌和太姒生的长子，周武王姬发的大哥，从小就爱考试，心地纯良，人长得也好看。

西岐有三宝——七香车、醒酒毡、白面猿猴。为救父亲姬昌脱离朝歌，伯邑考特意带着西岐三宝献给纣王。

纣王作为一国之君，见识虽广，可却不认得西岐三宝。伯邑考便为纣王一一介绍。

伯邑考手指一辆散发出七种淡淡香气的玄色木车说道："这七香车可厉害了，由轩辕黄帝当年在北海大破蚩尤时遗下的战车改良而成，若人坐在车上面，不用驾驭，不用马匹，欲东则东，欲西则西——真乃传世之宝。"

"这车快不快啊？"纣王对乘具的速度要求很高，

有没有车夫、马匹并不在意。

伯邑考笑道："比如从朝歌到西岐，全程大概 1650 里地，坐上七香车从朝歌出发，按照初始速度匀速行驶 5 个时辰后，然后每个时辰提速 20 里，又匀速行驶 5 个时辰后，每个时辰减速 10 里，最后再匀速行驶 5 个时辰就能到达西岐了。"

"你这又是提速，又是减速，但总共才用了 15 个时辰，本王很满意啊。但不知这七香车的初始速度是多少呢？"纣王道。

一旁的妲己为了炫耀自己的聪慧，抢着说："大王，姬考公子不是说了吗？"

"哦？说了吗？"

"哎呀，姬考公子没有明说，但七香车初始的速度完全可以从他刚刚那番话中推算出来。

"我算给您看。

"先假设七香车初始的速度为每时辰 x 里，再根据姬考公子刚刚的描述可以列出式子：

"$5x + 5(x + 20) + 5(x + 20 - 10) = 1650$；

"$5x + 5x + 100 + 5x + 50 = 1650$；

"$15x = 1500$；

"$x = 100$；

"所以七香车初始的速度是每时辰 100 里。"

妲己说到这里，故意用魅惑的眼神朝伯邑考瞟了一眼，含情脉脉地问道："姬考公子，我说的可对？"

伯邑考是知书达礼之人，看都不看妲己一眼，对妲己的媚态更是厌恶，只敷衍地"嗯"了一声。

妲己看在眼里，不免怒火中烧。

这边纣王还在认真打量七香车，说道："美中不足的是这车座位太少，只能坐一人，不能带着朕的爱妃一起乘车，不免有些遗憾。"

"大王，这个不成问题，车内的空间可以再拓展。您再看这醒酒毡，大王您不是喜欢喝酒吗？有了它，保管您千杯不醉！就算醉了，只要您往这毡子上一躺，不多一会儿就醒酒了。"伯邑考说着又拿出一条毛茸茸的酒红色毡毯。

"这个好啊，躺一会儿就醒酒了，很合本王的心意。"纣王爱不释手地把醒酒毡围在身上，像围围裙似的，"还很保暖呢！"

"最后这个白面猿猴，别看它小，好玩着呢，它会唱三千小曲、八百大曲，还能载歌载舞！"伯邑考最后掏出一只可以立于掌心上的白面小猿猴。

"太棒了，你送的礼物本王都喜欢，全部收下。"

纣王很高兴，然而伯邑考救父的如意算盘并未打响，只因他得罪了妲己，最终反被妲己陷害，落得一个惨死的结局。

自测题

纣王驾驶七香车去昆仑山游玩，从朝歌出发，按照初始的每时辰 100 里的速度匀速行驶 3 个时辰后，每个时辰提速 $\frac{1}{2}$，又匀速行驶 4 个时辰后，每个时辰再减速 $\frac{1}{3}$，又匀速行驶 1 个时辰后，每个时辰提速 $\frac{1}{4}$，最后再匀速行驶 5 个时辰后就到达了昆仑山。你们知道昆仑山距离朝歌多远吗？

$100 \times 3 + 100 \times (1 + \frac{1}{2}) \times 4 + 100 \times (1 + \frac{1}{2}) \times$

$(1 - \frac{1}{3}) \times 1 + 100 \times (1 + \frac{1}{2}) \times (1 - \frac{1}{3}) \times (1 + \frac{1}{4}) \times 5$

$= 300 + 150 \times 4 + 150 \times \frac{2}{3} \times 1 + 150 \times \frac{2}{3} \times \frac{5}{4} \times 5$

$= 300 + 600 + 100 + 625$

$= 1625$（里）

所以昆仑山距离朝歌 1625 里。

混天绫的长度

话说陈塘关总兵李靖，有个原配夫人殷氏，生了两个儿子，长子金吒，次子木吒。殷夫人生前两个孩子时都很正常，谁知到了怀第三胎，殷夫人居然怀孕三年零六个月，还不生产。

李靖生疑，指着殷夫人的大肚子说："夫人，你怀孕三年有余，肚子里的孩子还不降生，该不会是……怀了个妖怪吧？"

殷夫人不高兴了，噘嘴道："都说'龙生龙，凤生凤，老鼠的儿子会打洞'，你我都不是妖怪，我们的孩子怎么可能是妖怪?！"

李靖连忙道歉："夫人请息怒，可是……这个孩子，为什么还不出来？"

殷夫人爱惜地揉着肚子说："我猜这孩子多半是个慢性子，娘肚子里这么舒服，舍不得出来呗！"

　　李靖听了直摇头，不好再说什么，但心下甚是不悦。

　　谁知就在这天晚上，有侍从来报："启禀老爷！夫人生下了一个妖精。"

　　李靖听后，心想：这还了得，必须把妖孽斩于襁褓之中！于是手执宝剑就冲进了产房。

　　只见产房里一团红气，满屋异香，有一个肉球正滴溜溜在地上乱滚。

眼睖肉球滚到了李靖脚下，李靖大惊，往肉球上一剑砍去，谁知分开肉球，却跳出一个小孩。这孩子遍体红光，面如敷粉，右手套一个金镯，肚皮上围着一块红绫的肚兜，金光射目。

这个孩子也真乖巧，扑进李靖怀里就叫爹。李靖顿时心软，手里的宝剑也掉在了地上。夫妇俩对这个孩子爱不释手，再不当他是妖怪了。

第二天，道府在乾元山金光洞的太乙真人前来求见。

李靖请太乙真人入府，恭恭敬敬地施礼问道："不知道长有何贵干？"

太乙真人说："我就不还礼了，因为我已经送过大礼了。"

看李靖一脸愕然，不解其意，太乙真人继续说道："你家这刚刚出世的小家伙是不是手上戴个镯子，肚子上围个红绫？"

李靖说："是啊。"

太乙真人笑道："那就对啦，他手上的金镯乃是乾坤圈，肚子上的红绫乃是混天绫。你可知道混天绫有多长？"

李靖沉思道："此子腰围一尺，这红绫刚好围在他腰上整整七周，$7 \times 1 = 7$，那便是七尺啦……"

"不止 7 尺！"太乙真人打断道，"只长 7 尺，如何当得宝贝！这两件东西都是我乾元山金光洞的镇洞之宝，乾坤圈的威力你今后便知，而混天绫初始长度是 7 尺，每抖一次，可增加 2 尺，最多可以抖 7 次，你可知混天绫最多可以变多长吗？"

李靖也非凡人，他自幼访道修真，拜西昆仑度厄真人为师，学成五行遁术，只因仙道难成，才下山辅佐纣王，官居总兵。他静下心，思考片刻，便说道："真人，这里要用到等差数列的末项公式：末项 = 首项 + (项数 − 1) × 公差。

"首项是 7 尺，项数是原始形态加上 7 次抖动的变形，一共是 8，公差是 2 尺；

"则末项是 $7 + (8 - 1) \times 2 = 21$ （尺）；

"所以混天绫最多可以变成 21 尺，是原来的 3 倍，果然是宝贝！"

"既然是宝贝，当然不白送，自此之后，我要收此子为徒。此外，我还要给孩子起个名字。"

李靖又惊又喜，又有点不放心："不知真人要给犬子起什么名字啊？"

太乙真人沉思道："他的两个哥哥一个叫金吒，一个叫木吒，一个五行属金，一个五行属木，按照五行的顺序金木水火土……应该轮到水，可我算出他遇水便要生劫难，因此需要避开水。这小家伙的未来充满了不确定性，他又是个喜欢问问题的孩子，正应了'哪'字……干脆就叫哪吒吧！"

自此，小哪吒有了名字，并拜在太乙真人门下学习武艺。

自测题

有一个数列，第一项是1，第二项是3，从第三项起，后一项是前项加3，求从第一项加到第六项，和是多少？

找你的小伙伴们一起来做这个游戏吧!

游戏准备:

如图所示的方格图。

游戏人数:

一人、两人或多人。

游戏规则:

在 4×4 的方格中,已经预先填入了 4 ~ 14 和 16 这 12 个数字。它们看似随机分布,实际上却遵循着某种规律。请先找出规律,然后把剩下的 1、2、3、15 这 4 个数字正确填入其中,看看谁先填完。

	14	10	7
9	6		4
16		13	11
12	8	5	

参考答案：

　　规律就是任意两个邻近的数都不挨着，不论是横格、竖格还是斜格。

2	14	10	7
9	6	1	4
16	3	13	11
12	8	5	15

去除第一项，从第二项到第六项是一个等差数列，

根据末项＝首项＋（项数－1）×公差＝3＋（5－1）×3＝15；

再根据等差数列的求和公式：$S_n ＝ n × (A_1 ＋ A_n) ÷ 2 ＝ 5 ×（3 ＋ 15）÷ 2 ＝ 45$；

这时候加上第一项的1，即45＋1＝46。

所以这个数列从第一项加到第六项，和是46。

哪吒和家将的追及问题

话说这天是三伏天，骄阳似火，总兵府里也热得像个巨大的蒸笼！

哪吒本来就脾气暴、火气大，这时候更是热得吴牛喘月、挥汗如雨。哪吒愤愤不平地说："前几日我还见陈塘关的百姓们扛了牛羊百果去东海边给龙王献祭祈雨，据说东海龙王也答应了百姓的请求，说最迟今日就降甘霖，怎能言而无信？"

侍童安慰道："少爷，您安分点吧，越吼越热。"

"不行，我要洗个澡！"哪吒热得大汗淋漓，敞开衣襟嚷嚷道。

侍童说："少爷，您想洗也洗不了啦。您忘了吗？昨天您淘气，在浴桶里练什么火尖枪，把浴桶扎漏了，还来不及找人修呢。"

哪吒一撇嘴，心里想：家里不能洗，咱就到外面洗去，那广袤的东海不就是现成的露天大澡堂嘛！

于是，哪吒就跟母亲告假。殷夫人一向疼爱这个迟迟不离开娘肚子的小哪吒，自然答应，又恐他人小有什么闪失，于是叫一员信得过的家将护送哪吒一起出关。

哪吒知道家将走得慢，就叫家将先出发。半个时辰后，哪吒才出发，等哪吒赶上家将时刚刚好就到了东海口上的九湾河。

家将叹道："三公子，您走得可真快啊！"

哪吒笑道："大叔，你的行走速度是 9 里 / 时辰，我的行走速度是 12 里 / 时辰，追上你易如反掌。你知道咱们陈塘关距离东海口有多远吗？"

家将挠头道："三公子，我又没拿尺子丈量过，如何知道？"

哪吒又笑道："咱们走的步子就是在丈量啦！我讲给你听：

"这是最简单的追及问题，因为我比你晚出来半个时辰，所以我从陈塘关到东海口这段距离所行走的时间再加上半个时辰，刚好就是大叔你行走这段距离的时间。

"根据时间＝路程 ÷ 速度，设陈塘关距离东海口 x 里，可列出方程：

"$x \div 9 = 0.5 + x \div 12$，

"解得 $x = 18$（里），

"所以咱们陈塘关距离东海口有 18 里远。"

家将竖起大拇指道："三公子，您真聪明！"

天蓝水碧，九湾河自然比总兵府的浴桶宽敞多了。哪吒看得高兴，不再跟家将闲聊，立马脱了衣裳，跑到海滩上，把七尺混天绫放在海水里，蘸水洗澡。

按说洗两下就完了，也不会惹出后面的祸事。可别忘了，偏偏小哪吒是个慢性子啊，在妈妈肚子里待了3年6个月才想起要出来，这次洗澡也是磨磨唧唧。再说那混天绫可是宝贝，放在水中，把水都映红了，摆一摆江河晃动，摇一摇乾坤震撼。

哪吒在上面挥舞着混天绫洗澡，不觉东海之下的水晶宫已晃得乱响。砖石瓦片噼里啪啦往下掉，砸伤了不少虾兵蟹将。

东海龙王敖光在水晶宫里坐不住了，拍案道："传巡海夜叉李艮出班，看海口是何物在作怪。"

夜叉李艮来到九湾河一望，见海水都被染红了，光华灿烂，其中有一小儿正用红罗帕蘸水洗澡，那红罗帕一晃，水波便跟着朝下激荡。

夜叉看得分明，大叫："小娃娃，你用的是什么作怪的法宝，把海水染红，令海底宫殿摇动？"

"不是什么法宝，只是我的绫子有点掉色而已。"哪吒说着回头一看，差点没吓背过气去！

只见这夜叉长着蓝瓦瓦的一张脸，朱红的头发还打着小卷，巨口獠牙，要不是在光天化日之下，真能把胆小的人吓死。

哪吒一看夜叉那丑怪的模样就没好气，骂道："你这个丑八怪，是个什么东西？也配跟小爷我说话？真是丑人多作怪！"

夜叉大怒，分水一跃，跳上岸来，往哪吒顶上一斧劈落。哪吒正赤身站立，见夜叉来得勇猛，将身躲过，把右手乾坤圈往空中一举。那宝物打下来，正落在夜叉头上，夜叉登时便死于岸上。

哪吒也不着慌，只是嫌脏了乾坤圈，又开始在水里洗乾坤圈。这么一来，水晶宫里的众水族又被摇晃得人仰马翻，一个个口吐白沫。

自测题

一个有经验的老猎人带着猎狗在森林边缘发现了一只兔子。兔子撒腿就跑，老猎人却拉住了猎狗的牵绳，等过了一分钟才撒手。猎狗追到兔子时，刚好兔子进了窝。已知猎狗的奔跑速度是 900 米 / 分钟，兔子的奔跑速度是 700 米 / 分钟，你们知道森林边缘距离兔子窝有多远吗？跑完这段距离，两只动物各用了多少分钟？

　　从题意可以想到，猎狗从森林边缘到兔子窝这段距离所奔跑的时间再加上一分钟，刚好就是兔子奔跑这段距离的时间。

　　根据时间＝路程÷速度，设森林边缘距离兔子窝有 x 米，可列出方程：

　　$x \div 700 = 1 + x \div 900$，

　　解得 $x = 3150$（米），

　　兔子用的时间：$3150 \div 700 = 4.5$（分钟），

　　猎狗用的时间：$3150 \div 900 = 3.5$（分钟）。

　　所以森林边缘距离兔子窝有 3150 米。跑完这段距离，兔子用了 4.5 分钟，猎狗用了 3.5 分钟。

哪吒和敖丙的圆圈追及问题

话说东海龙王敖光见巡海夜叉去探察情报许久未回，水晶宫还摇晃得更加猛烈，正在纳闷，龙兵来报：夜叉李艮被一个小孩打死了。

敖光大惊："李艮可是灵霄宝殿玉帝亲笔点差的官员，谁敢把他打死？"随即传令："点龙兵，待我亲自察看，看是何人胆大包天。"

话音未落，龙三太子敖丙站出来说："不必劳父王大驾，孩儿出去拿他就是。"

敖光心想：也好，毕竟对方只是个小孩子，顺便让三儿子锻炼锻炼。于是敖光点头同意。

敖丙当即调遣龙兵，上了逼水兽，分开水势，冲上海面。只见浪如山倒，波涛横生，平地水涨数尺。

哪吒刚刚洗完乾坤圈，看着水里腾空而起的巨浪，忽然心血来潮，想出一个游戏的好主意。他从岸上找了块木板放在脚下，又用混天绫拴住一只大鲨鱼，让大鲨鱼带着自己在海面上破浪而行。

这时，敖丙已经冲出海面，一时找不到事主，便对着四周大叫道："是什么人打死我家巡海夜叉？"

哪吒虽然好贪玩惹祸，但为人诚实，况且这片海域也没别人游泳冲浪，不承认都不合适，于是来到敖丙身前，一指自己鼻子："是我打的，你想怎样？"

敖丙看哪吒的表情一脸坦然，丝毫不惧，心下也犯起嘀咕，心想还是打听清楚了好，万一这小孩有什么来头呢？于是耐着性子接着问："你叫什么名字？是谁家的小娃娃？"

哪吒便如实告知身份，说自己是陈塘关总兵李靖的三公子。

敖丙心里有数了，人间小小的总兵不足挂齿，这个小孩子尽可以好好收拾一番！

哪吒又问敖丙姓名、身份，敖丙也据实说自己是东海龙宫的三太子。

哪吒一听乐了："咱俩都排行老三，岂非有缘？直接动手有失体统，不如先比一比吧？"

敖丙倒是没把哪吒放在眼里，问他比什么。

哪吒说："既然是在海水中，咱们就比一比破浪而行。"说着，哪吒扬出混天绫，以自己和敖丙所站立的位置为直径两端，在海水中围了个红色的大圆圈。哪吒跟敖丙约定好，两人按照顺时针方向沿这个红色圆圈破浪而行，比一比，看谁先追上谁。

图示如下：

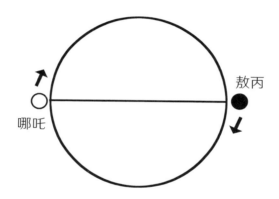

敖丙刚要出发，哪吒拦住道："且慢，实际比赛之前，咱们先做道算术题吧？"

"好，你出题。"

"假设我破浪而行一圈要 4 炷香时间，三太子你破浪而行一圈要 5 炷香时间，如果咱俩分别从圆形轨迹的直径两端同时出发，那么出发后多长时间我能追上你？"

敖丙翻着白眼说："这不过是一道小小的圆圈追及

问题，此题的关键是要把一圈看成距离1，你的初始位置距离我刚好半圈，也就是咱俩相距$\frac{1}{2}$，你破浪而行一圈要4炷香时间，即你的行进速度是$\frac{1}{4}$，我破浪而行一圈要5炷香时间，即我的行进速度是$\frac{1}{5}$，弄清以上信息后，就可以设出发后经过 x 炷香时间你能追上我。根据距离＝速度×时间，列出方程：

"$\frac{1}{4}x = \frac{1}{5}x + \frac{1}{2}$,

"解得 x = 10,

"所以出发后 10 炷香时间你就追上我了。不过，这些都是你的假想而已，实际上我在海上破浪而行的速度可不是$\frac{1}{5}$，是多少你待会儿就能领教到！"

哪吒道："好，咱们就真的比比！"

"得嘞，等我追上你，定要好好教训你一顿！"敖丙大喝一声，双膝猛夹逼水兽，就沿着混天绫在海水中铺就的圆圈轨迹冲了出去。

"好，我要追上你，就抽了你的筋！"哪吒也不示弱，骑在大鲨鱼身上，让它驮着自己冲浪速行。

到底还是骑鲨鱼的小哪吒快，只见他乘风破浪，不到 3 炷香的工夫就追上了敖丙。

敖丙大惊，索性大开杀戒，来了一招"回马枪"，戟尖朝后往哪吒当胸刺来。

哪吒看对方上来就使杀招，也急了，把七尺混天绫往空中一展，只见红绫飘荡，似火块千团，往下一裹，便将龙三太子裹下了逼水兽。

哪吒也不废话，抢上一步，一脚踏住敖丙的头顶，提起乾坤圈照顶门一下，把龙三太子的原身打出，只见他一头栽倒在沙滩上，挺直不动了。哪吒还打算将他的龙筋献给爹爹。

自测题

几个小朋友围成一圈玩丢手绢的游戏，红红悄悄把手绢放到了婧婧身后，等婧婧发觉开始追红红的时候，红红已经跑了 $\frac{3}{4}$ 圈，两人都没有停，继续绕着圆圈跑。已知红红跑一圈要 12 秒，婧婧跑一圈要 8 秒，你们知道婧婧多久可以追上红红吗？

把一圈看成距离 1，两人的初始位置婧婧距离红红 $\frac{3}{4}$ 圈，红红跑一圈要 12 秒，即红红的跑步速度是 $\frac{1}{12}$，婧婧跑一圈要 8 秒，即婧婧的跑步速度是 $\frac{1}{8}$，设出发后经过 x 秒婧婧追上红红。

根据距离＝速度 × 时间，列出方程：

$\frac{1}{8}x = \frac{1}{12}x + \frac{3}{4}$；

解得 x ＝ 18（秒）。

所以出发后 18 秒婧婧追上红红。

话说东海龙王敖光失去了自己最疼爱的三太子，不免悲痛欲绝，整天以泪洗面。葬礼之后，敖光始终咽不下这口恶气，决定到玉帝那里告状。

这世上没有不透风的墙，这个坏消息不知怎么就传到了哪吒那里。小哪吒知道天上不比人间，这才有些慌了神，因为说到底，他是犯了杀害龙神的大罪啊。

哪吒跟师父一商量，太乙真人也责怪起这个爱徒："哪吒啊哪吒，这次的确是你不对，为师有两个建议：第一，你诚心悔过负荆请罪；第二，你也上天，且拿出为师的名号，看看能否阻止敖光告状。"

哪吒心高气傲，自然不肯去向龙王请罪，于是告别太乙真人，脚踩风火轮，提前一步升上南天门。到了天庭，哪吒算是大开了眼界，单是这南天门就巍峨耸立，两边四根盘龙大柱，正中两座栖凤玉桥，真是明霞灿烂映天光，碧雾朦胧遮斗日。

天庭的琼楼玉宇岂是凡间可比，一共有33座仙宫：什么遗云宫、毗波宫、紫霄宫、太阳宫、太阴宫、化乐宫……仙宫一座挨着一座；又有70重宝殿：什么朝会殿、凌虚殿、宝光殿、聚光殿、聚仙殿、传奏殿……宝殿一重套着一重。

哪吒踩着风火轮，一路看过去，发现每座仙宫、每座宝殿前都有神兽雕像左右镇守，且容貌、数目各不相同。有的是凤凰，有的是麒麟，有的是雄狮，有的是蛟龙……金阙银銮间，还开满了奇花异草，或争奇斗艳，或喷芳吐蕊。

哪吒心想：难怪人们都羡慕天上的神仙，这天宫美景真是美不胜收，光是看一看就垂涎三尺，更别说能够常住其中了。

哪吒并未贪恋美景，目光流转，脚下丝毫没有停歇，不多时就飞到了宝德门。又见天宫各门紧锁，哪吒便闪身在一旁的聚仙门后悄悄等候。

又过了好一会儿，只见敖光朝服叮当作响，踩着红云飞到宝德门前，敖光也算到得早，周围还看不到其他仙家的影子。

哪吒最恨告状的小人，看见敖光，气就不打一处来，冲着敖光吐舌头、挤眼睛地做鬼脸。敖光却看不见哪吒，原来哪吒被太乙真人在前心上画了隐身符。除了千里眼，谁都看不见他。

哪吒仗着自己能隐身，绕到龙王身后，提起手中乾坤圈，照准敖光的后心镜就是一圈，打得老龙王一个饿虎扑食，跌倒在地。哪吒赶上去，一脚踏住他后心，口中大喝："老龙王，你回头看看我是谁？"

敖光扭过龙颈，回头一看，此时哪吒已经现出真身，敖光自然认得，正是仇人相见分外眼红，敖光大骂道："好你个黄齿小儿，怎敢逞凶将御笔钦点的夜叉打死，又将我儿三太子打死？他与你何冤何仇？你还将他的龙筋抽了。像你这样的凶顽，前罪已然不赦，现在又敢在宝德门外殴打我这兴云布雨的正神，简直大逆不道！"

哪吒被敖光骂得性起，恨不得就要一圈打死他，但想起师父有过吩咐，不得再行凶，只好耐着性子说：

"你这老龙，欺上瞒下，收了黎民百姓的大礼，却不降雨解暑，还有脸称自己为兴云布雨的正神？我刚刚就算隐匿身形打死你这老泥鳅，你也找不着我！可那不是男子汉的行径！我现在告诉你我的师承来历，我乃乾元山金光洞太乙真人的弟子。请你看在家师的薄面，之前你我两家的恩怨就此作罢。"

敖光哪里肯听，气急败坏地骂道："呸！什么太乙真人、太甲假人？我不认识！一会儿黄金力士便到，看不把你拿下狠打？"

哪吒越听越怒，尤其不能忍受师父的名号受到侮辱，沉声道："好，算你这老龙够强硬。你要打我？那我也不客气，我就先打你！都说龙怕揭鳞，虎怕抽筋，我揭了你的鳞，看你怕不怕？！"

哪吒将敖光的朝服一把扯去了半边，左胁下露出鳞甲，哪吒用手连抓几把，抓下四五十片鳞甲。

敖光疼痛难忍，只好求饶："哪吒贤侄，饶命啊，饶命啊！我错了，我错了还不行吗？你看这殿前神兽雕像中就有我龙族的造型，看在神兽雕像的份儿上，饶了我吧？"

哪吒暂且住手，说道："既然你提到神兽，我刚才已经看过，天宫33座仙宫中，前10座仙宫，宫前左右各有一尊麒麟神兽；中间10座仙宫，宫前左右各有两尊狻猊神兽；后13座仙宫，宫前左右各有三尊雄狮神兽。天宫70座宝殿中，前20座宝殿，殿前左右各有四尊饕餮神兽；中间20座宝殿，殿前左右各有五尊蛟龙神兽；后30座宝殿，殿前左右各有六尊凤凰神兽。你可说得出共有神兽雕像多少尊？"

敖光只好忍着疼痛说道："贤侄出的题目不难，但比较麻烦，需要分段计算，划分出不同的数字区间，最好是列出一个表格（表格如下）。另外你说的都是'左右各有多少尊'，因此还要乘以2。

"$10 \times (1 \times 2) + 10 \times (2 \times 2) + 13 \times (3 \times 2) + 20 \times (4 \times 2) + 20 \times (5 \times 2) + 30 \times (6 \times 2) = 10 \times 2 + 10 \times 4 + 13 \times 6 + 20 \times 8 + 20 \times 10 + 30 \times 12 = 20 + 40 + 78 + 160 + 200 + 360 = 858$；

"所以天宫33座仙宫、70座宝殿，共有神兽雕像858尊。贤侄，你说对吗？"

	10	1×2
仙宫	10	2×2
	13	3×2
	20	4×2
宝殿	20	5×2
	30	6×2

哪吒道："对是对啦。但你还需要答应我，不许上本告状，立刻跟我回陈塘关去为百姓降下甘霖！你若不

依，一顿乾坤圈打得你浑身是包，让你的龙子龙孙都认不出你！"

敖光哪敢不答应啊，一个劲儿俯首告饶道："我答应，我全答应，哪吒贤侄别打了……我愿随你回陈塘关降雨。"

哪吒这才收了手，放敖光起身。

自测题

　　果子城新出台了房产税政策，拥有 2 套房以内（含 2 套）免交房产税，但超出 2 套，低于 5 套（含 5 套），多出的房子每套交税 1%；超出 5 套，低于 10 套（含 10 套），多出的房子每套交税 2%；超出 10 套，多出的房子每套交税 3%。钱大爷有 20 套房子，每套房子都价值 100 万元，总共应该缴纳多少房产税？

　　此题除了需要分段计算，还要清楚房产税额＝房产价值 × 房产税率。

　　20 套房子中，2 套可以免税，3 套交税 1%，5 套交税 2%，10 套交税 3%；

区间（套）	税率	房产价值（每套）	套数
1～2	免交	100 万元	2
3～5	1%	100 万元	3
6～10	2%	100 万元	5
11～20	3%	100 万元	10

　　$(3 \times 0.01 + 5 \times 0.02 + 10 \times 0.03) \times 100 = (0.03 + 0.1 + 0.3) \times 100 = 43$（万元）。

　　所以钱大爷总共应该缴纳 43 万元房产税。

震天箭的射程轨迹

话说哪吒在天宫逼回了想要告御状的龙王敖光，本来挺高兴，以为危机解决了。可谁知回到总兵府，敖光突然变卦，对着李靖一通臭骂，还扬言要约齐四海龙王，水淹陈塘关。哪吒想要再抓敖光，敖光却化作一阵清风逃走了。

李靖深悔自己忙于公事，少了家教，让调皮的哪吒闯下这番大祸。李靖气急训斥道："孽障！你不是本领大吗？你不是天不怕地不怕吗？你拦下了龙王的御状又怎样？陈塘关全城的黎民百姓马上都要因为你遭殃了！"

哪吒气闷难捱，撇下父亲，一个人气哼哼地登上陈塘关的城楼，一边看风景，一边平复心绪。忽然，哪吒看见城垛旁边的兵器架上摆了一张硕大的乾坤弓，弓旁还有三支震天箭。

哪吒寻思："师父太乙真人说我将来能做先行官，在战场上扬名立万，如今趁着有空，不好好练习开弓射箭，更待何时？"

哪吒一时忘记大祸临头，便把乾坤弓拿在手中，取了一支震天箭，搭箭拉弦，朝着西南方向一箭射去。那离弦之箭响一声红光缭绕，瑞彩盘旋，刹那间就不见了踪影。

所谓开弓没有回头箭，哪吒后悔已经来不及了，心想：这么珍贵的震天箭，射那么老远，肯定找不回来了，早知道就往天上射，迟早能掉下来，还有箭不长眼，千万不要误伤了好人！

　　再说这乾坤弓、震天箭乃是上古神器，自从轩辕黄帝大破蚩尤，一直留传至今，并无人拿得起来，所以就放在城头，也不怕被人偷拿偷射，因为一般人别说偷了，抬都抬不起来。

　　谁想到，今天让人小力大的哪吒把弓拿起，又射出一箭。这支震天箭不偏不倚，正好射中了一个恶人，谁呢？原来就是在陈塘关西南方向的骷髅山白骨洞外，石矶娘娘的门人，名叫碧云童子。这碧云童子在山前山后没少为非作歹，杀害了不少忠良之辈，恶贯满盈，今日正是他命里该绝。碧云童子死了，他的师父石矶娘娘可不干了。石矶娘娘可是个狠角色，怎么能不为徒弟报仇？！

　　石矶娘娘很识货，一眼就认出杀害小徒的箭乃是震天箭，再施以法术，捕捉到震天箭从离弦之后到射中碧云童子之时的全程行进轨迹，连中途转了几个弯都捕捉到了，如下图所示：

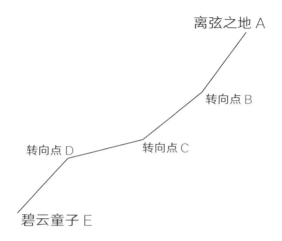

石矶娘娘依靠法术还得知了这条箭道轨迹总长 AE ＝ 604800 尺，且 AB ＝ BC ＝ CD ＝ DE，震天箭的离弦初速是 300 尺 / 秒，每调整一次方向，震天箭的速度会降低 30 尺 / 秒，根据方位和距离，石矶娘娘已经推算出离弦之地就在陈塘关的城楼上，只要再算出射箭的时间点，就可以依靠时间、地点两条信息锁定凶手了。可这震天箭从离弦之后到射中碧云童子一共经过了多少时间呢？

石矶娘娘心思缜密，当即计算起来：

震天箭一共调整了 3 次方向，且被这 3 个转向点分割开的 4 条线段等长，每段都是 604800÷4 = 151200（尺）。每次的速度都是之前的速度减去 30 尺／秒。即第一段速度 300 尺／秒，第二段速度 270 尺／秒，第三段速度 240 尺／秒，第四段速度 210 尺／秒。

$$151200÷300 + 151200÷270 + 151200÷240 +$$
$$151200÷210 = 504 + 560 + 630 + 720 = 2414（秒）；$$

所以震天箭从离弦之后到射中碧云童子共经过 2414 秒。

石矶娘娘即刻驾起青鸾飞到陈塘关城楼上，向守城士兵问明爱徒被射杀的 2414 秒前在这里的人都有谁，排查之后，哪吒的名字出现了。石矶娘娘当然知道哪吒的厉害，想来能够拉动乾坤弓的也非哪吒不可！石矶娘娘转至总兵府上方，将李靖和哪吒父子俩喊出来，然后用她最拿手的法宝八卦云光帕将李靖轻松拿下。哪吒打不过石矶娘娘，还被收去了乾坤圈、混天绫，只好一路逃回金光洞，求师父太乙真人相救。

原来石矶娘娘和太乙真人早有不和，再加上正邪势不两立，见面说不到两句话就开打。石矶娘娘又掏出八卦龙须帕，太乙真人也不含糊，掏出九龙神火罩，将石矶娘娘连同她那些帕子法宝全部罩入其中。只见罩内腾腾焰起，烈烈火生，九条火龙盘绕，将石矶娘娘围在当中。

这可不是普通的小火苗，而是三昧神火。不一会儿，石矶娘娘就被烧出了原形，化作一块顽石。

自测题

一架无人机要完成喷洒农药的任务，总共飞行了 3600 米，中间只转向两次，且被两个转向点分割出的三段距离相等。无人机的初始速度是 10 米 / 秒，每转向一次速度降低 2 米 / 秒，你们知道无人机喷洒农药的航程总共花了多长时间吗？

3600 米的航程被分为 3 段，每段距离相等，相当于每段都是 3600÷3 = 1200 米；

时间 = 距离 ÷ 速度，

即 1200÷10 + 1200÷（10 − 2）+ 1200÷（10 − 2 − 2）

= 120 + 150 + 200

= 470（秒）

所以无人机喷洒农药的航程总共花了 470 秒。

哪吒行宫的工期如何缩短

东海龙王敖光被哪吒阻止上天告御状，杀子大仇未报，又被哪吒揍了一顿，他怎肯善罢甘休！趁着哪吒师徒应付石矶娘娘之际，邀齐了四海龙王，来到陈塘关找李靖。

小哪吒敢作敢为，跳出来对着头顶的敖光大叫："我一人做事一人当，不要连累黎民百姓。你家三太子因我而死，大不了我一命赔一命。"

"好，那你就一命赔一命！"敖光不依不饶地说。

四海龙王见哪吒真的死了，这才散去。自此，殷夫人天天茶饭不思，以泪洗面，因为小哪吒可是她受了怀胎三年零六个月的苦，才从肚子里生出的亲骨肉。哪吒的魂魄见母亲伤心欲绝，心下不忍，就托梦安慰母亲说："娘亲别难过。离陈塘关四十里外，有一座翠屏山，求您在山上为孩儿建一座行宫，让我多受些香火。要不了多久，我就能在师父法术的帮助下，依托庙里的泥塑金身复活。"

殷夫人醒来便把前夜梦中所闻告知李靖。李靖不信："做梦怎么能当真呢？"殷夫人见李靖不为所动，只好偷偷依照哪吒所求，雇了能工巧匠，准备在翠屏山上修建行宫。

殷夫人急盼哪吒回来，建宫心切，就问负责修建行宫的监工能否缩短工期。

监工仔细地算了算账，说道："夫人，如果能给我增加 8 个人，那么 10 天就能完工；如果增加 3 个人，就要 20 天才能完工。"

殷夫人的私房钱毕竟有限，说道："我最多只能增加 2 个工人，不知建造完行宫要用多少天呢？"

监工说："夫人啊，1 人 1 天完成的工作量算是 1 份。所以增加 3 人与增加 8 人相比，10 天就少完成 $(8 - 3) \times 10 = 50$ 份工作量；这 50 份工作量分摊到 10 天中的每天，就是 5 个人力，这 5 人里还包括增加的 3 个人，由此求出 $5 - 3 = 2$ 人，就是现有工人的数量；所以全部工程有 $(2 + 8) \times 10 = 100$ 份工作量或 $(2 + 3) \times 20 =$

100 份工作量；既然您说增加 2 人，那么 100÷(2 + 2) = 25（天）。所以施工人数增加 2 个人，建造完行宫要用 25 天。夫人，您看可以吗？"

殷夫人一想，25 天也可以接受，于是便添加银两，增加了 2 个工人。

行宫建好后香火鼎盛，恰巧这一日李靖带兵路过，见男女进香，人山人海，就问中军官："这是什么庙，为何香火如此旺盛？"

中军官说了四个字，吓了李靖一跳，那四个字是——"哪吒行宫"。

李靖又惊又怒，决定亲自上山去查看。只见庙门高悬一匾，果然书有"哪吒行宫"四个烫金大字。他走进庙宇，见哪吒的泥塑金身栩栩如生，那倔强的下巴和虎虎生威的双眸跟生前一模一样，直看得李靖怒意大发："小孽障！你生前连累父母，死后又愚弄百姓！"

李靖接着提起六陈鞭，一鞭把哪吒金身打得粉碎，又传令放火烧了庙宇。

事后哪吒的魂魄得知此事，心头火起："好你个李靖，我与你已经不是父与子的关系了，骨肉都已经还你，你怎能打我金身，烧我行宫，令我无处栖身呢？！"

小哪吒十分委屈，复活的希望落了空，又恐娘知道了更要伤心欲绝，只好去找太乙真人求助。

太乙真人拂尘一扬，拍拍哪吒的肩膀安慰说："不碍事，不碍事，不就是泥塑的金身被毁了吗？我这里还有更高级的重生宿体——莲花造身，用千年莲藕打造，不但坚固耐用，还有一股淡淡的荷花清香，保你复活之后风采更胜往昔！"

师父果然没有吹牛，哪吒拥有了莲花化身后，功力大涨。不仅如此，太乙真人又说："我顺便把你的风火轮也提了速，提速后能够达到每时辰 600 里，是之前的两倍呢！"

哪吒因为是重造之身，之前的很多事情记不清了，他想：之前风火轮的速度是多少呢？我还是自己算一算吧。既然现在是之前的两倍，反过来说，之前的速度是现在的 $\frac{1}{2}$，$600 \times \frac{1}{2} = 300$（里 / 时辰），所以提速前的速度是 300 里 / 时辰。

哪吒复活后要做的第一件事就是去找生父李靖报火烧行宫之仇。他继续给风火轮提速，风驰电掣般来到总兵府求战李靖。李靖只得从兵器架上摘下许久不用的画戟，跨上青骢马，匆匆应战。

莲花化身的哪吒早已不是之前的那个哪吒，此时的他力大无穷，三五回合就把李靖杀得人仰马翻，力尽筋酥，汗流浃背。李靖弃了战马，落荒而逃。

李靖用腿走，哪里比得过哪吒的风火轮，眼看就要被哪吒赶上，幸好有燃灯道人赶来相救，怒斥哪吒："李靖到底是你父亲，你不能随便打他，你这样做有违伦常，速速收手。"

"不收！就不收！"哪吒到底是少年心性，虽然看出面前的老道不是易与之辈，依旧咬着钢牙嘴硬道。

燃灯道人见哪吒还是不服，心想就算此番收服哪吒，但自己一走，他还是不会放过李靖，授人以鱼不如授人以渔，于是叫过李靖说道："我这里有件法宝玲珑塔，以后如果哪吒不服，你可将此塔祭起烧他。"

李靖有了此塔，果然轻而易举地降服了小哪吒，从此李靖也得了个"托塔天王"的名号。

自测题

1.有一项工程，如果施工队增加 15 个人，那么 5 天就能完工；如果增加 5 个人，就要 10 天才能完工。最终只增加了 3 个人，多少天能完工？

2.哪吒的风火轮，提速到 8 挡时，每小时行走 600 公里。假设从一挡开始，每提高一挡，速度增加 $\frac{1}{2}$ ，那么风火轮的 4 挡速度是多少？

1. 将 1 人 1 天完成的工作量看作 1 份。

则增加 15 人与增加 5 人相比，5 天就少完成 $(15-5) \times 5$ $= 50$ 份工作量；

这 50 份工作量分摊到 5 天中的每天，就是 10 个人力，这 10 人里还包括增加的 5 个人，由此求出 $10 - 5 = 5$ 人就是原来工人的数量；

所以全部工程有 $(5 + 15) \times 5 = 100$ 份工作量；

增加 3 人需 $100 \div (5 + 3) = 12.5$ 天。

所以最终只增加了 3 个人，12.5 天能完工。

2. 由题意可知，风火轮的 7 挡速度是 8 挡速度的 $\dfrac{2}{3}$，即 400 公里 / 小时，当它提速 $\dfrac{1}{2}$，相当于 $400 + 400 \times \dfrac{1}{2}$ $= 400 + 200 = 600$ 公里 / 小时，符合题意；同理，6 挡速度是 7 挡速度的 $\dfrac{2}{3}$，5 挡速度是 6 挡速度的 $\dfrac{2}{3}$；4 挡速度是 5 挡速度的 $\dfrac{2}{3}$；所以风火轮的 4 挡速度为 $600 \times \dfrac{2}{3} \times \dfrac{2}{3}$ $\times \dfrac{2}{3} \times \dfrac{2}{3} = 118\dfrac{14}{27}$ 公里 / 小时。

那么 $14 \div 27$ 是多少呢？是 0.51851851851851851851 8518518518518……这是一个无限循环小数，小数部分的 "518" 一直无限循环。

找你的小伙伴一起来做这个游戏吧!

游戏准备:

纸和笔。

游戏人数:

两人。

游戏规则:

把白纸裁成很多张小纸条,每人至少10张小纸条。

准备阶段,每个人都在各自的小纸条上写上不同的偶数,可以事先规定是多少以内的偶数,如100以内的偶数。注意:每张纸条上只写一个偶数。

游戏开始时,每人出一张小纸条,根据大数除以小数的原则,快速将除号两边的被除数和除数分别除以2,把算式简化,直到被除数和除数中有一个不能再被2整除为止,这时得出答案。谁把以上步骤完成得又快又好,谁就可以得到这两张纸条。

在规定时间内,谁手里的纸条最多,谁就获胜。

比如:

你的纸条上写着24,对方的纸条上写着36,

那么就是 $36 \div 24$;

这时要在你们各自的草稿纸上写下简化过程：

$36 \div 24$，

$18 \div 12$，

$9 \div 6 = \dfrac{2}{3}$。

最后结果可以是分数，注意不能跳过中间任意一次简化步骤。如果两个人都没写对，就要收回各自的纸条，再进行下一轮出纸条的环节。

元始天尊的龟甲数字塔

话说有一天，昆仑山玉虚宫的元始天尊正坐在八宝云光座上，吩咐阶下侍立的白鹤童子："去请你师叔姜尚来。"

姜尚就是姜子牙。他三十二岁上山学艺，如今已经过了整整四十年，被岁月蹉跎成了一个七十二岁的白胡子老头。

此刻，姜子牙正在桃园里给一棵他亲手栽种的桃树培土施肥。

白鹤童子找到姜子牙，问："师叔，你在这里做什么呢？"

姜子牙说："我早餐想吃桃子，就来桃园打算摘个桃子。"

白鹤童子叹气说："师叔，您真是老糊涂了！您要知道，现在可是冬天，早就过了桃子成熟的季节！"

　　姜子牙不急不躁地说："师侄说得对啊！很多事情如果错过了时机，那便想要而不能得。"

　　"师叔，我看今日正是大好时机，教主他老人家要找你过去，肯定有好事！"白鹤童子可是个急性子，一把拉起姜子牙就去见元始天尊。

　　元始天尊看到姜子牙后幽幽地说："你在我这儿学艺一晃已是四十载。虽然论悟性你并非最佳，但好在你勤奋又有爱心，对一棵桃树尚且关爱有加，倘若辅佐明君，治理天下，一定会得到百姓的拥戴。另外，你生来命薄，仙道难成，只能享受人间的富贵。如今你为我代劳封神，下山辅佐明主，成为将相，也不枉你上山修行四十年之功！快快收拾行李，下山去吧。"

姜子牙尊师重道，自然不想走，就借口说："教主啊，请您再多留我几日吧，至少等明年桃子熟了再赶我下山吧。"

元始天尊又好气又好笑，只得说："这样吧，子牙，你如果能够在一炷香之内答上我出的题目，我就允许你留在山上。"

说着，元始天尊掏出了九块龟甲，每块龟甲上的点数分别是从 1 到 9。

"子牙，将来你要带兵打仗，就要懂得排兵布阵之法，懂得术数的奥秘。这里为师就借用刻在龟甲上的点数令你摆出一个塔阵，你若按要求摆出来，就算你行……"

原来元始天尊要姜子牙用这九块带不同点数的龟甲排出一个三角形的塔阵，要求三角形的每条边上都有四块龟甲，并且这四块龟甲的点数之和都等于 17。

姜子牙不敢怠慢，急忙将这些龟甲码放起来，可是码了半天都码不出来。眼瞅一炷香时间到了，姜子牙方才想到解法：

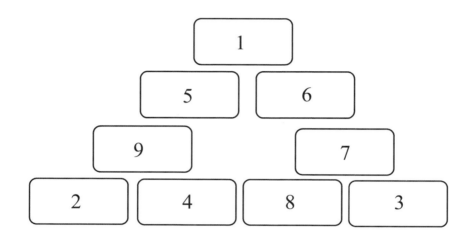

可当姜子牙放上最后一块 1 点的龟甲时，一炷香已经完全烧完。就是说，姜子牙已经超时了，他只得认输，拜别了元始天尊，下山去了。

姜子牙巧算年龄

姜子牙下山后与昔日结拜兄弟宋异人做媒的马氏成亲，可婚后他碌碌无为，做些小买卖也总是亏蚀本钱，整日被马氏责骂，很没面子。这晚，姜子牙在牡丹亭里收妖，恰被马氏撞见。分辩中，姜子牙只得说自己善风水、识阴阳。马氏便让姜子牙去开个算卦摊，在宋异人的资助下，姜子牙在朝歌南门集市上摆起卦摊。

眼瞅年关将至，有一天，附近一个很怕妻子的年轻人趁妻子不在家偷吃了一盒年糕。他以为做得天衣无缝，谁知很快就被妻子发现。妻子把他狠狠数落了一顿，又罚他跪到三更才许睡觉。

第二天起床后，年轻人越想越别扭，觉得自己命比纸薄，为了偷吃一盒年糕这样的小事，就遭到妻子的非难。年轻人郁闷地行走在街头，正好看到姜子牙的卦摊，想着过去算一算，只要对方算得不准，就找碴儿出口恶气。

姜子牙依照算卦的惯例，先询问对方的年龄："请教阁下贵庚多少？"

年轻人回答："没有跪多久，只跪到三更。"

姜子牙说："我不是问这个，我是问你年高几何？"

年轻人说："还几盒？我就吃了一盒年糕，就被妻子骂得狗血淋头。"

遇到这么胡搅蛮缠难以沟通的算命者，姜子牙也尴尬得哑口无言。

无奈之下，姜子牙只好换一种方式提问："这样吧，你把自己的年龄数乘以5，再加6，然后乘以20，再把出生的月份加上去，再减去365，之后把结果告诉我，我就知道你的年龄了。"

年轻人按照姜子牙的说法，算出一个数字："1967。"

姜子牙立马说："知道了，你是22岁，12月生的，对吗？"

年轻人很惊讶："您是怎么知道的呢？"

姜子牙捋着胡子微微一笑："很简单，只要把你刚刚报给我的数字1967加上245，所得的数字前两位就是你的年龄，后两位就是你的出生月份。"

年轻人一算：1967 + 245 = 2212，22是岁数，12是月份，还真对！

这下姜子牙在这一带可出名了，来找他算命的人络绎不绝。

再说在那轩辕坟中，有个玉石琵琶精，她是扮作姐己的千年狐狸精的好姐妹。这天，她前往朝歌城看望姐己，吃饱喝足后，驾着妖云出宫欲回巢穴，刚好经过南门集市，只听下面闹哄哄的。

琵琶精也是个爱看热闹的人。她拨开妖云一瞅，原来是一个老头在给人算命。

琵琶精好奇心盛，心想：我也去算上一卦，看这老头算得准不准。

琵琶精摇身一变，变作一个妇人，身穿孝服，忸怩作态地说："列位君子请让一让，让妾身算一命吧。"

围观的百姓见妇人楚楚可怜，便往两边闪开，为她让路。

琵琶精兴致勃勃地看了一会儿，便冷笑道："我还以为真是什么大仙，原来会的也只是混市井的江湖骗术。"

旁边看热闹的百姓便问："你说他是骗子，有何凭证？"

之前被姜子牙算对了出生年月的年轻人也在，他把自己的经历述说一番，质问道："神算子大仙算得如此之准，怎么会是骗子？"

琵琶精道："这里暗含术数之道，我讲给你们听，这位小伙子告诉老骗子的数字姑且记作 x，这个老骗子的计算方式是：

"（年龄 $\times 5 + 6$）$\times 20 +$ 月份 $- 365 = x$；

"即 $5 \times 20 \times$ 年龄 $+ 6 \times 20 +$ 月份 $- 365 = x$；

"$100 \times$ 年龄 $+$ 月份 $- 245 = x$；

"$100 \times$ 年龄 $+$ 月份 $= x + 245$；

"如 22 岁，12 月生，代入上面的算式步骤：

"（$22 \times 5 + 6$）$\times 20 + 12 - 365 = x$；

"即 $5 \times 20 \times 22 + 6 \times 20 + 12 - 365 = x$；

"$100 \times 22 + 12 - 245 = x$；

"$100 \times 22 + 12 = x + 245$；

"$2212 = x + 245$；

"所以把 x 加上 245，所得的数字前两位就是小伙子的年龄，后两位就是小伙子的出生月份。

"x 也是小伙子告诉他的，变相等于把年龄和月份一起告诉了老骗子。

"所以不管是谁，老骗子都能猜出他的年龄和出生月份。"

姜子牙见对方揭露"天机"，不免心里打个惊战，忙定睛观看，认出妇人是个妖精。

姜子牙也不说破，笑眯眯地伸手说："夫人说得倒也不错，可除了算年龄，我还有其他本事。请问夫人是来算卦的，还是砸场子的呢？"

琵琶精跟姜子牙并无仇怨，便说："你要不是骗子，我何必砸你场子，你可以不用卦签算吗？"

姜子牙说："当然可以，只要让我把一把脉，我就知道你能活多久……"

姜子牙不动声色，快速出手，一把抓住了琵琶精的脉门，随即冷笑道："我看你这妖精活不过明日了。"

琵琶精知道自己的真实身份已被对方识破，吓得花容失色，开始呼号求救。周围看热闹的百姓不嫌事儿大，纷纷起哄，说一个算命的老头居然抓住了妖精。

正巧纣王的叔叔亚相比干路过此地，便亲自过问事情的经过。

"这是妖精，琵琶精！"姜子牙指着女子说。

琵琶精委屈地说："我根本不是妖精，我是人。这个算命的是个老骗子，因为我刚刚揭穿他的骗术，他就冤枉我一个妇道人家……"

比干见两人争执不下，公说公有理，婆说婆有理，好像都有道理，而且这里位于闹市，好事者太多，难免生出事端，就说："此处不可明辨，好在这里离朝歌城不远，待我启奏天子，定能弄个水落石出。"

其实比干早看出姜子牙绝非常人，拿捏脉门的手势也像是修炼的行家，这女子想必真是妖精。比干正为妲己迷惑纣王不理朝政而伤脑筋，正要借此机会，点醒纣王，好让他知道这世上真的有迷惑人心的妖精！

就这样，姜子牙拖着琵琶精跟随比干一路来到朝歌城门前。比干先一步到摘星楼向纣王禀明情况。妲己在一旁听了暗暗叫苦："妹妹啊妹妹，你回巢穴去便罢了，算哪门子命啊？现在被人抓了个现形，我要如何救你？"

妲己只好对纣王说："亚相所奏，真假难辨。大王可传旨，将那算命的术士连同女子一起带至摘星楼下，妾身一看，便知真假。"

纣王一向对妲己唯命是从，当即允诺："便依爱妃之言。来人，把他们带到摘星楼下。"

不多时，姜子牙拖着还在挣扎的琵琶精来到摘星楼下。

纣王瞥了一眼那女子，道："朕看此女乃是人相，并非妖精嘛。"

妲己刚想趁机搭救琵琶精，姜子牙抢先喝道："我这便让她现出原形给大王看看！"说着便使出三昧真火，熊熊火光将琵琶精整个裹住。

琵琶精在大火中哀号，不一会儿，只见霹雳交加，就听一声雷鸣似的巨响，火灭烟消，现出一把烧焦的玉石琵琶来。

"大王请看，这就是妖精的原形。"姜子牙把手往玉石琵琶上一指。

纣王早吓得汗流浃背，目瞪口呆，说不出话来。

妲己不愧是千年狐妖，道行颇深，面对姐妹的惨死，依旧十分淡定，还笑着说："正好，请大王命左右将玉石琵琶取上楼来，待妾上了弦，早晚与大王弹奏取乐。姜尚才术双全，何不让他在朝中保驾？"

"好好好，都依你！"纣王惊魂稍定，授姜子牙司天监职，官拜下大夫，留在了朝廷中。

酒池注酒的学问

话说这天纣王在摘星楼上与妲己宴饮，为了给纣王助兴，妲己还伴随丝竹之乐翩翩起舞。三宫嫔妃，六院宫女，无不齐声喝彩，可偏偏有七十余名宫女，不但没有喝彩，还偷偷抹起眼泪，被妲己看到了，一查问，方知这些宫女都是姜娘娘的人。

姜娘娘原本是皇后，被妲己设计害死。妲己心肠歹毒，担心这些宫女不捧场、不喝彩，是有意跟自己过不去，日久必成宫闱之患，于是想斩草除根。

妲己在纣王耳边嚼了几句舌根，纣王便下令把这些宫女全部打入冷宫，等待妲己的进一步惩戒。

妲己想在摘星楼下挖一个方圆二十四丈、深五丈的大坑，再令都城万民每一户纳蛇四条，都放进坑内，最后再把那些宫女送入坑中。此刑名曰：虿（chài）盆。

　　纳蛇的规定可害苦了朝歌百姓，要知道都城中哪里有那么多蛇可捉。没办法，为了完成纳蛇重任，有人进山林去抓蛇，有人不惜花重金去外地买蛇……一时间，闹得人心惶惶。

　　文书房上大夫胶鬲得知后，觉得此事太过荒唐，便来求告纣王。纣王不听，反要把胶鬲送入虿盆，气得胶鬲以死相谏。

　　可惜胶鬲白白惨死，那些宫女也未能保住性命。妲己却意犹未尽，贪图享受，再请纣王传旨，在虿盆左边挖一沼，右边挖一池。左边沼内插满树枝，再把薄肉片当作果实挂在树枝上，名曰：肉林；右边池内用酒灌满，名曰：酒池。

为了满足纣王的不同口味，妲己还在酒池一端特别设置了 3 根注酒管，分别可以往酒池内注入白酒、米酒和黄酒。单开白酒的注酒管需要 20 个时辰注满酒池；白酒、米酒两根注酒管合开，需要 8 个时辰注满酒池；米酒和黄酒两根注酒管合开，需要 6 个时辰注满酒池。

纣王很感兴趣，为了讨好妲己，还煞有介事地问："爱妃，如果单开黄酒注酒管，需要多久注满酒池呢？"

妲己撒娇道："大王，您也太懒惰了，这还算不出来吗？

"假设酒池的储酒量是 1，

"则注酒管每时辰的注酒量就是 1 除以注满酒池所需要的时间；

"米酒注酒管每时辰注满酒池的 $\dfrac{1}{8} - \dfrac{1}{20} = \dfrac{3}{40}$；

"黄酒注酒管每时辰注满酒池的 $\dfrac{1}{6} - \dfrac{3}{40} = \dfrac{11}{120}$；

"所以，单开黄酒注酒管，需要 $1 \div \dfrac{11}{120} = \dfrac{120}{11} = 10\dfrac{10}{11}$ 时辰，才能把酒池注满。"

纣王憨笑道："朕哪儿有爱妃聪明啊，爱妃总有奇思妙想，朕能娶到爱妃真是三生有幸啊！"

自此，纣王天天设宴，与妲己在酒池肉林中赏玩，更加不理朝政了。

自测题

某水池可用 A、B、C 三根水管注水，已知单开 A 管注满水池要 10 小时，单开 B 管注满水池要 12 小时，单开 C 管注满水池要 15 小时。现在 A、B、C 三管合开 1 小时后，要求余下的在 3 个半小时内注满，且尽量少用 C 管，则 C 管在这次注水中共注了多少小时？

由题意，假设水池的储水量是单位1，

因为要尽量少用C管，即先减去A、B、C三管合开1小时注水的量，再把A管、B管注水3个半小时的量减去，剩余的水量用C管注：

$$[1-(\frac{1}{10}+\frac{1}{12}+\frac{1}{15})\times 1 - (\frac{1}{10}+\frac{1}{12})\times 3.5]\div \frac{1}{15}$$

$$=[1-\frac{1}{4}-\frac{77}{120}]\times 15$$

$$=\frac{13}{120}\times 15$$

$$=1\frac{5}{8} （小时）$$

别忘记还要再加上之前的1小时，总共是 $1+1\frac{5}{8}=2\frac{5}{8}$（小时）；

所以C管在这次注水中共注了 $2\frac{5}{8}$ 小时。

鹿台的基座面积

话说纣王与妲己在酒池肉林中肆无忌惮地吃喝玩乐，令朝纲不振，民不聊生。一日，妲己忽然想起玉石琵琶精被姜子牙活活烧死之事，要为姐妹报仇，准备设计谋害姜子牙。

妲己连续数日埋头书房，终于画好了一张建筑图拿给纣王观看。纣王看此图，既非翎毛，又非走兽，又非山景，又非人物。只见上画一台高四丈九尺，殿阁巍峨，琼楼玉宇，玛瑙砌就栏杆，宝玉妆成栋梁。有个名称叫作——鹿台。

妲己奏道："大王贵为天子，富有四海。若不造此台，不足以壮观瞻。此台真是瑶池玉阙，阆苑蓬莱，大王早晚于台上设宴，自然会引得仙人下凡。若大王得与真仙同桌共饭，必定延年益寿。"

妲己的话句句说到了纣王的心坎里，纣王只是有些担心："看爱妃的图示，此鹿台工程浩大，不知朝中有没有这样的能工巧匠啊？"

妲己趁机荐举道："以愚妾之见，能够监督此工程的人，非下大夫姜尚不可。"

纣王闻言，即传旨，宣下大夫姜尚来摘星楼。

姜子牙这天早起后，就为自己卜了一卦，料到会有此难，因此被纣王宣召，也不忐忑，径自来到摘星楼见驾。

纣王说明了缘由，要姜子牙充当工程监工，负责起造鹿台，等到建成之日，加禄封官。

姜子牙当然不敢轻易答应，要先看看工程的难度和体量，于是要过了工程图，仔细观看，单单是鹿台的基座就工事浩大。

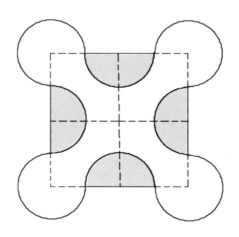

"不知鹿台是建在城内还是城外？"姜子牙问道。

"当然是城内了。"妲己笑道，"城外一片荒凉，哪有城内热闹。"

姜子牙已然算出基座的面积，皱眉道："鹿台基座占地面积如此之大，城内没有这么大的空地啊。"

妲己挑眉问道："听下大夫的口气，莫非已经算出基座面积（图中浅色部分的总面积）了？"

姜子牙说："这鹿台的基座是个变体的 x 形（图中浅色部分），由 8 条圆弧连接而成。图示上已经标注了，每条弧的半径是 10 里，圆心分别组成大正方形（由虚线构成的正方形）的四个顶点和各边的中点。因此可以推算出来。"

妲己故意刁难说："不知下大夫是怎么算的呢？"

姜子牙只好详细解释："先把基座图案和正方形相比较。从正方形出发，在每一边的中部向内挖去半个圆，每个角上向外拼接 $\frac{3}{4}$ 个圆，就得到基座图案。总体来看，四边四角，共挖去 2 个整圆，拼接 3 个整圆，净增加 1 个整圆的面积。圆的半径是 10 里，正方形的边长就是 $4 \times 10 = 40$（里）。

"取圆周率 π 为 3.1416，再根据正方形的面积公式（边长 × 边长＝面积）和圆的面积公式（π × 半径的平方＝面积）得到基座图案的面积：

$40 \times 40 + 3.1416 \times 10^2 = 1914.16$（平方里）。

所以鹿台基座的面积是 1914.16 平方里。"

"你算得倒是清清楚楚，的确是个人才。说到城内没有 1914.16 平方里的空地，这有何难，推倒民舍千余座便是。"妲己从容地说道。

"大王的意思呢？"姜子牙还指望纣王能够体恤黎民百姓。

谁知纣王哪管黎民百姓的死活，他看着妲己说："当然按照爱妃的意思办了。"

姜子牙听罢气往上冲，暗想："纣王并非有道明君，朝歌非我久居之地。罢了，我不就此脱身隐遁，更待何时？"

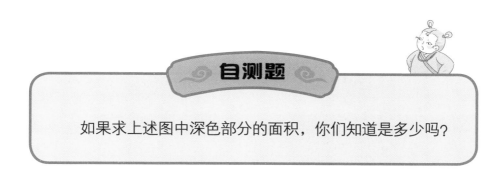

自测题

如果求上述图中深色部分的面积，你们知道是多少吗？

自测题答案

图中深色部分相当于半径为 10 里的圆，共 2 个，

即 $2\times3.1416\times10^2=628.32$（平方里）。

所以图中深色部分的面积是 628.32 平方里。

雷震子与金霞童子的身高比

　　话说姬昌被纣王监禁于羑（yǒu）里已达七年，其间伯邑考为救父而惨死，姬昌心下悲切。好不容易熬到被纣王大赦，每月还加禄米一千石，姬昌正庆幸时，又被武成王黄飞虎点醒，知道朝歌奸佞当道，不宜久留，得了黄飞虎相赠的通关铜符，便离了朝歌，连夜过孟津，渡黄河，穿渑池，前往临潼关逃难。纣王得知姬昌走后，火冒三丈。如果其他诸侯都有样学样，那他纣王的江山恐怕朝不保夕，当即下发了海捕文书，命殷破败、雷开二将点了三千飞骑兵，赶去捉拿。姬昌行得慢，殷、雷二将赶得快，眼瞅就要赶上。

　　姬昌正在危急关头，远在终南山的云中子已经通过法术感应到了，于是把雷震子叫过来："徒弟，你父亲有难，现在正是你一尽孝心的好时机。"

　　雷震子闻听一愣，问道："师父，弟子的父亲是谁？"

原来当年雷震子被姬昌收作第 100 子时，还是个小婴儿，云中子又忙于修炼和教授徒弟，很少有空闲跟他陈说当年之事。

云中子说："你父亲就是西伯侯姬昌啊，他在临潼关即将有难。你可先往虎儿崖下寻一件兵器来，待我授你些兵法，好去救你父亲。"

雷震子领了师父之命，离开洞府，跑到虎儿崖，东瞧西看，四处寻不出什么东西，又不知何物叫作兵器。

雷震子寻思："常闻兵器乃刀剑戟、鞭斧瓜，师父所说的兵器不知是何物，我又忘了问，不如回洞再详细问问。"

雷震子转身刚要走，忽然闻到一阵扑鼻异香，定睛一看，只见前面有一山涧，下面水声潺潺，雷鸣隐隐。雷震子嗅着气味，一路走过去，猛然间见到绿叶之下，有红杏二枚。雷震子满心欢喜，心想兵器没找到，但把美味的杏子献给师父，定能让师父高兴高兴。于是顾不得山路高低险峻，把两枚杏子摘到手，闻一闻扑鼻馨香，如甘露沁心，便忍不住吃了一枚，另外一枚也咬了一口，想着这样的杏子是不能献给师父的，索性都吃光了。

谁想到这两枚红杏并非普通的杏子，雷震子刚吃完，左胁下就发出"啵"的一声响，竟然长出一只翅膀来。翅膀太长，一直拖到地下，雷震子吓得魂飞天外，魄散九霄，大叫："不好了！我胁下长了个大瘤子……"忙用两手去拿住翅，只管拔，还没拔出来，右边又长出一只翅膀来。

雷震子慌得没了主意，对着河水一照。原来两边长出翅来还不打紧，连脸都变了，鼻子高了，脸色也变成了蓝靛色，发若朱砂，眼睛暴突，牙齿横生，身躯也变高了，足有二丈。雷震子正惊愕间，金霞童子到了，他倒是还能认出面前的怪物是雷震子，口中叫道："雷震子师兄，发什么愣啊？师父久等你不回，让我来唤你呢。"

"师弟，你看我是不是变成了怪物？"雷震子还以为是自己的眼睛出了毛病，急忙请金霞童子帮忙确认。

"我倒是觉得你变得又高又俊了呢！"金霞童子挤挤眼睛说，"原来你的身高跟我的身高之比是 5 ： 4，现在你的身高跟我的身高之比得有 5 ：1 了。这对你来说不是好事儿吗？"

雷震子憨憨地问道："我……我只知道现在我有二丈高，我原来有多高呢？"

金霞童子笑道："你就算忘记了，算也算得出来吧？现在你的身高是 2 丈，即 20 尺，

"你现在的身高：我的身高 = 5 ：1，

"即你现在的身高 = 5× 我的身高，

"我的身高 = 你现在的身高 ÷5 = 20÷5 = 4（尺）；

"我的身高没有变化，而你原来的身高：我的身高 = 5 ：4，

"所以你原来的身高为 5 尺。

"哎呀，光顾聊天了，快，先见师父要紧！"

雷震子还是有点自惭形秽，一步步耷拉着脑袋跟在金霞童子后面走回来，两只翅膀拖在身后，如同斗败了的公鸡一般。到了玉柱洞前，云中子看到雷震子，却拊掌笑道："变得好，变得妙！我这魔杏，不同资质的人吃下去会有不同的变化，你能胁生双翅，可是你的大造化呢！随我进洞来！"

云中子在洞内取出一条风雷黄金棍，交给雷震子，又教他上下飞腾、盘旋进退的招数。雷震子起初闷闷不乐，心想这兵器明明就在洞里，还哄我去虎儿崖寻找一番，是拿我寻开心呢！但不一会儿，雷震子就高兴起来，感叹自己能够像老鹰一样自由飞翔了！

云中子见雷震子领会得差不多了，就说："可以了，你现在的本事足以救父了。速去速回，不可迟延！你救父后可将其一直送出五关，但不许你同父往西岐去，也不许你伤了纣王的军将，任务完成便回终南山，我再传你其他法术，将来你和你的父兄自有团聚之日。"

雷震子答应之后，就出了洞府，二翅一扇，便腾空而起，霎时间飞至临潼关。

雷震子在一座山冈上落稳，看了半天，找不到父亲的踪迹，不禁叹道："我又犯糊涂了，忘了问师父我的父亲到底长什么样啊，教我如何父子相认呢？"

雷震子正自怨自艾，忽然看到一个人，头戴粉青毡笠，身穿皂服号衫，乘一匹白马飞奔而来。

雷震子大叫一声："山下的可是西伯侯姬大人？"

姬昌听得有人叫他，勒马抬头观看，发现天空中飞着一个蓝脸怪物，不免心惊，但听对方的口气，又恭敬有礼，于是答道："我是西伯侯姬昌，你……你是何人？"

雷震子闻言，连忙倒身下拜，口称："父王！孩儿来迟，让父王受惊，恕孩儿不孝之罪。"

姬昌不解地说："壮士认错人了吧？你这副模样我不可能不记得，咱俩这是头一回见面，为何以父子相称？"

雷震子说："孩儿乃是您在燕山收的雷震子啊。"

姬昌这才想起来："可你为何生成这副模样？小时候你可是挺可爱的啊……对啦，我记得你是被终南山云中子带上山的，算来有七年了，你为何到此？"

雷震子草草把前因后果一说："孩儿奉师父的法旨，下山来救父亲出五关，退追兵，故来到此地。"

父子俩正在叙旧，追兵到了。

殷破败纵马舞刀来取姬昌，雷震子挥棍架住说："我不能打伤你，但让你瞧瞧我小雷的厉害！"

雷震子将胁下肉翅一扇，飞在空中，抡起风雷黄金棍照准西边一座山嘴就打了过去，一声巨响，山嘴塌下一半。雷震子转身落下来，对殷破败、雷开二将说："你们的头可有这山结实？"

二将见雷震子长得凶恶，又能飞，力气又大，早吓得魂不附体，哪里还回答得出雷震子的提问。

雷震子和颜悦色道："两位将军听我一句话，你们踏踏实实暂回朝歌见驾，我绝不伤害你们。"

殷、雷二将见此光景，料知讨不到便宜，只好夹着尾巴退兵了。

自测题

糖葫芦小学新修了一栋教学楼，有 100 米高，它跟食堂的高度比值是 5 : 2，而老教学楼跟食堂的高度比值是 2 : 1。你们知道新教学楼比老教学楼高多少吗？

数学小魔术

这个小魔术可以让你成为读心术大师哟!

让你的小伙伴默想一个两位数,然后把十位数和个位数相加的和告诉你。

比如,你的小伙伴想到的是23,就要告诉你5。

你用心算,算出 5×11 的结果55,然后把这个数悄悄写在一张小纸条上,折叠好,先不要让对方看到。

这时候,你让小伙伴把那个两位数的十位数和个位数交换,比如,23 就变成了32,然后用变换后的数和之前的数相加,$32 + 23 = 55$。当他算出这个数的时候,你就可以把小纸条展开,让对方看到这个数早就被你写出来了。

那么十位数和个位数是一样的数,可不可以呢?答案是肯定的。

如11,十位数和个位数相加的和是2,$2 \times 11 = 22$;$11 + 11 = 22$。

那么数字大一些可不可以呢?也是可以的。

如最大的两位数99,十位数和个位数相加的和是18,$18 \times 11 = 198$;

$99 + 99 = 198$。

当然，为了成功表演这个小魔术，你在平时还要多注意培养心算的能力，正所谓台上一分钟，台下十年功啊。

自测题答案

由新教学楼高 100 米，且新教学楼∶食堂 = 5∶2，

可以得出食堂的高度是 $2 \times 100 \div 5 = 40$（米）；

再由老教学楼∶食堂 = 2∶1；

得到老教学楼的高度是 $2 \times 40 = 80$（米）；

则新教学楼比老教学楼高 $100 - 80 = 20$（米）；

验算一下：

$100∶40 = 5∶2$，$80∶40 = 2∶1$，符合题意，

所以新教学楼比老教学楼高 20 米。

姜子牙和樵夫比老

　　话说西岐那片沃土，乃道德之乡、礼仪之邦。老百姓在那里安居乐业，这正是西岐之主周文王姬昌统治有方、施行仁政的缘故。

　　这天夜里，周文王忽然梦见飞熊扑帐，不知是吉是凶，第二天就向擅长解梦的大夫散宜生求证。

　　散宜生躬身贺道："恭喜大王，此梦是大吉之兆啊。依臣看来，大王马上就能得到一名栋梁之臣！"

　　周文王将信将疑，便四下派人寻觅"飞熊"。

　　那么飞熊到底是什么意思呢？原来这飞熊指的就是姜子牙，因为姜子牙的道号就叫飞熊。

　　此时，姜子牙正坐在渭水河边垂钓，望着滔滔流水，无尽无休，彻夜东行，不禁慨叹道："唯有青山流水依旧在，古往今来尽是空。今天的晚餐就指望有鱼上钩，做一锅鲜美的鱼汤啦……"

正巧，有一个砍柴的老樵夫从河边路过，好奇地拿起姜子牙的钓竿，见拴在鱼线那端的鱼钩直而不曲，樵夫不禁抚掌大笑。

"哈哈哈，太好笑了，我长这么大，还没见过有人如此钓鱼呢！"

姜子牙不高兴地板起面孔，说："你怎么笑话老人家？太没礼数啦！"

老樵夫虽然看不出姜子牙有多大，但怎么看也不觉得比自己大，就讥笑道："敢问老人家高寿啊？"

姜子牙就说："当我像你这么大时，你才10岁，而当你像我现在这么大时，我已经145岁了。"

老樵夫听后更加不信，说道："按你的说法，

"我的年龄－（你的年龄－我的年龄）＝10；

"你的年龄＋（你的年龄－我的年龄）＝145；

"即2倍我的年龄－你的年龄＝10；（1）

"2倍你的年龄－我的年龄＝145；（2）

"（1）式×2与（2）式相加，得到：

"3倍我的年龄＝165；

"则我的年龄＝55（岁），把这个代入（1）式，

"最终解出你的年龄＝100（岁）。

"但怎么看你都不像100岁的老人!

"唉，我送你一句话——有志不在年高，无谋空言百岁。还有，你这鱼钩为何不是弯的？我教你一个办法吧，将这根金属棒用火烧红，打成弯钩的样子，然后在地里挖一两条蚯蚓，绑在钩子上，很快就会有大鱼上钩。不然像你这样钓鱼，莫说三年，就是一百年也钓不

到一条鱼啊。"

姜子牙呵呵笑道："你只知其一，不知其二。老夫这根钓竿，不是钓鱼用的，是钓人用的！"

老樵夫撇撇嘴，以为姜子牙在吹牛。

几天之后，周文王真的带着散宜生来渭水河边求贤啦。

这就叫——姜太公钓鱼，愿者上钩。

自测题

糖葫芦小学校庆，很多退休多年的老教师都回来参加校庆活动，其中一位贾老师对另一位老师说："唐老师啊，我得叫你小唐，因为当我像你这么大时，你才 15 岁，而当你像我现在这么大时，我已经 120 岁了。"你们知道这两位老师各自多大岁数吗？

根据贾老师的话，可列出下面的等式：

唐老师年龄－（贾老师年龄－唐老师年龄）＝15；

贾老师年龄＋（贾老师年龄－唐老师年龄）＝120；

2 倍唐老师年龄－贾老师年龄＝15；（1）

2 倍贾老师年龄－唐老师年龄＝120；（2）

（1）式 ×2 与（2）式相加，得到：

3 倍唐老师年龄＝150；

解得：唐老师年龄＝50（岁），

把唐老师年龄＝50（岁）代入（1）式，

得到：贾老师年龄＝2×50－15＝85（岁）。

验算一下：

当年龄 85 岁的贾老师倒退到 50 岁的时候，相当于年轻了 35 岁，那么 50－35＝15，所以那时唐老师正好 15 岁，而当 50 岁的唐老师增加 35 岁变成 85 岁，85 岁的贾老师则是 85＋35＝120 岁，符合题意。

所以贾老师 85 岁，唐老师 50 岁。

乾坤圈的神奇缩放法力

话说乾元山金光洞的太乙真人，这天闲坐在碧游床上，正运元神练功，忽然一阵心血来潮，掐指一算，便了然于胸："呀！原来黄家父子有难，贫道理当救之。"

太乙真人连声唤道："金霞童儿！金霞童儿！请你师兄来。"

不一会儿，哪吒来到碧游床前，倒身下拜："弟子哪吒，不知师父唤弟子有何事？"

太乙真人道："黄飞虎父子有难。之后你与他要同殿称臣，现在正好下山救他一救，把他送出汜水关后便可速回，不得有误。"

哪吒原是好动的，早在这山洞里面待烦了，听说可以出去，心中大悦，慌忙收拾，打点下山。

只见小哪吒脚蹬风火二轮，手提火尖枪，离了乾元山，往穿云关而来，脚下的风火轮转得飞快，也就一炷香的工夫，便到了穿云关，落在一处山冈上。

哪吒站立多时，只见前面一支人马，旌旗招展，剑戟森严，正是押送黄飞虎父子的队伍到了。哪吒想："要拦他们的车马，先得找个理由。"于是张嘴就唱起儿歌来："吾当生长不记年，只怕师尊不怕天；昨日老君从此过，也须送我一金砖。"

哪吒歌罢，脚蹬风火二轮，立于咽喉要道之上，阻住了对方大军。

有探马飞报余化："启禀大人！有一人立轮子上作歌。口出狂言，像是个劫道的小恶霸！"

余化传令扎了营，骑着火眼金睛兽出营观看，见哪吒立于风火轮上，威风凛凛，杀气腾腾。余化问道："我说轮子上的小哥，你是何人，敢阻挡我的大军？"

哪吒鼓着腮帮子答道："我久居此地，如有过往之人，不论官员庶民，都要些买路钱。你如今往哪里去？速送上买路钱，让你赶路！买路钱不贵，一块金砖足矣！"

余化听了不怒反笑："黄口小儿，真敢要价儿！还一块金砖？我送你一块城砖要不要？废话少说，我乃汜水关总兵韩荣帐前部将余化。今押解反臣黄飞虎等官员往朝歌请功，看你年幼，速退去，可饶你性命。"

哪吒道："你原来是捉将有功的，那一块金砖可就不够了，你得送我十块金砖，才放你过去。"

余化大怒，催动胯下火眼金睛兽，摇动手中方天画戟，飞奔过来直取哪吒。哪吒手中火尖枪急架相还，枪戟交加，一场大战就此展开。

哪吒乃仙传妙法，跟凡夫俗子大不相同，把余化杀得力尽筋酥。余化见不能力敌，就想使计，掩一戟假装败走。

哪吒大叫："休要逃跑，我来了！"往前正赶，余化回头见哪吒赶来，挂下方天戟，偷偷取出法宝"戮魂"，想要来拿哪吒。

哪吒一见笑道："此物是戮魂幡，乃'平方'法宝，何足为奇！它碰到谁，就能让谁与自身相乘，比如碰到2，2就变成了4；碰到3，3就变成了9；碰到4，4就变成了16。"

哪吒见数道黑气奔来，他只用手一招，便接住了，往豹皮囊中一塞，大叫道："我的火尖枪相当于数字'1'，1的平方还是1，不会发生任何变化，有多少一齐放过来吧！"

余化见自己的宝物被破，拨回走兽再战哪吒。哪吒想着自己奉师命下山，来救黄家父子，担心余化狗急跳墙，杀了黄家父子，反而不美。于是哪吒左手提枪挡架方天画戟，右手取出乾坤圈，丢在空中喝声："疾！"只见五彩瑞临天地暗，乾元山上宝生光。

余化不识，问道："你这用的是什么法宝？"

哪吒笑道："我这乾坤圈，同样有一种神奇的缩放法力，任你有千万大军，也不是我的对手！"

余化不信，派出手下兵卒1000人围住了哪吒，哪吒把乾坤圈轻轻往前一抛，那1000人立马变成了1个人。

原来，哪吒的乾坤圈相当于"小数点"法宝。小数点不仅可以放在正数前，让正数变小，就像余化的兵卒，1000人变成了1.000人，1后面的0都无效了，比原来小了1000倍；小数点还可以放在负数前，让负数变大。比如，-900变成-0.9，就相当于增大了

1000 倍。

余化正愕然间，那乾坤圈劈将下来，往余化脑门上打了一记。打得余化俯伏在鞍桥之上，口中喷血，倒拖画戟败走。

哪吒赶了一程，见好就收，兜转双轮，用乾坤圈把余化手下剩余的兵卒打得星散云飞，瓦解冰消。

哪吒从囚车中救下蓬头垢面的黄飞虎等人。黄飞虎父子倒身拜谢。

哪吒笑道："将来咱们要同殿称臣，大家相互关照，不必客气。"

自测题

请把下面这些分数转换成带小数点的数（注意只需保留小数点后面两位即可）。

$\frac{1}{3}$、$\frac{1}{4}$、$\frac{1}{2}$、$\frac{1}{7}$、$\frac{1}{6}$

$$\frac{1}{3} \approx 0.33$$

$$\frac{1}{4} = 0.25$$

$$\frac{1}{2} = 0.5$$

$$\frac{1}{7} \approx 0.14$$

$$\frac{1}{6} \approx 0.17$$

话说闻太师奉纣王旨意征伐西岐，在与姜子牙的交战中，手下张桂芳、九龙岛四道接连吃了败仗，于是特从佳梦关征调魔家四将前来助战。

姜子牙闻报，便聚将上殿，共同商议退兵之策，其中就有黄飞虎。

黄飞虎家族本是七世忠良，在朝歌世居高位，黄飞虎被封为镇国武成王。后来黄飞虎的夫人及妹妹西宫黄娘娘被纣王害死，为报仇雪恨，黄飞虎才冲闯五关，投靠了姜子牙。他知道魔家四将的底细，于是主动介绍说：

"魔家四将一共是哥儿四个，都经异人秘授奇术，通晓变幻，常人难与之匹敌：老大魔礼青，身高二丈四尺，面如活蟹，须如铜线。他有一柄青云宝剑，剑上还有符印写着四个大字——地、水、火、风，以及一串神奇的数列：9、28、14、7、22、11、34、17。"

姜子牙打断说："这个数列我知道，叫作冰雹数列。它可以从任意一个正整数开始，如果数字是偶数，把它除以 2；如果数字是奇数，把它乘以 3 再加 1。"

黄飞虎点头道："明白了，$9 \times 3 + 1 = 28$，$28 \div 2 = 14$，$14 \div 2 = 7$，$7 \times 3 + 1 = 22$，$22 \div 2 = 11$，$11 \times 3 + 1 = 34$，$34 \div 2 = 17$。这便是 9、28、14、7、22、11、34、17 的由来。可是为什么要叫冰雹数列呢？"

姜子牙解释道："因为它就像从天而降的冰雹，忽大忽小，忽上忽下，杂乱无章，难以捉摸，但最终会落到地上，即回到整数 1 上，而不管它是从什么数开始的。比如 3、10、5、16、8、4、2、1……只要到了 1，结尾就永远是 1、4、2、1……直至无穷。"姜子牙一眼瞥见哪吒有点开小差的意思，忙问："哪吒可听明白了？"

哪吒自从入了成汤大营，性子越来越急，老想着出营打仗，猛地被姜子牙问到，一激灵，忙道："差不多了。"

姜子牙笑道："那我便考一考你，假如有一个冰雹数列是从6开始，你能把数列后面的数列出来吗？只要最后到1就算完成。"

哪吒收敛心神，认真说道："$6 \div 2 = 3$，$3 \times 3 + 1 = 10$，$10 \div 2 = 5$，$5 \times 3 + 1 = 16$，$16 \div 2 = 8$，$8 \div 2 = 4$，$4 \div 2 = 2$，$2 \div 2 = 1$。

"所以这个数列是：6、3、10、5、16、8、4、2、1……"

见姜子牙冲小哪吒额首赞许，黄飞虎继续往下介绍道："老二魔礼红，长得跟老大差不多，只是脸色通红。他有一把伞，只不过他的那把伞不是普通的油布雨伞，而是混元珍珠伞。伞骨由明珠穿成，有祖母绿、祖母碧、祖母珠、夜明珠、辟尘珠、辟火珠、辟水珠、消凉珠、九曲珠、定颜珠、定风珠等，要是开个珠宝店都绰绰有余。这把伞不撑开还好，撑开时天昏地暗，日月无光，转一转乾坤晃动。

"老三魔礼海，长得也跟老大差不多。他身后永远背着一把琵琶，上有四根弦，也暗合了地、水、火、风。琵琶弹奏之时，魔音激荡，蛊惑人心。

"老四魔礼寿，长得与其他兄弟一般无二，就是面孔稍白。在四兄弟中，他最有爱心，喜欢养小宠物。魔礼寿的囊中就有一只小兽，形如白鼠，名曰花狐貂。把它抛在空中，它就能化身成长翅膀的白象！"

众将听罢，知道魔家四将都不好对付，不免面沉似水，郁郁不乐。

恰在此时，探马来报："魔家四将在外面请战。"

姜子牙无奈，只得带上己方最强的三兄弟组合——金吒、木吒、哪吒，出城应战。

双方即刻开打，魔礼青、魔礼海、魔礼寿分别与金吒、木吒、哪吒战在一处，直杀得天昏地暗，人仰马翻。

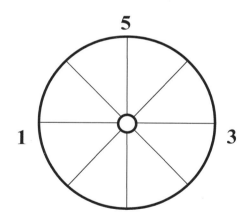

压阵的魔礼红见双方久战不下，就悄悄把混元珍珠伞撑开一晃，木吒的雌雄双剑就被伞收去了。

原来那伞面边缘上还有符咒数字，暗含术数算式。

如上页图所示，从 5 开始，按照顺时针方向进行，并插入所需的运算符号，就能得到 5×3 = 15。

破解之法就是要找出正确的算式，而且只准使用 +、−、×、÷、=，每个符号至多使用 3 次。比如，1×2×3×4×5 是不行的，因为"×"被使用了 4 次。但是数字串联起来成为多位数是允许的，比如，1 和 5 连成 15。不论是从哪一点出发，最后要回到出发点或出发点的前一个数，比如，回到 5 或 1。

说话间，魔礼红又转动了混元珍珠伞。这回伞面边缘上出现的数字如下图所示。金吒不识，所以他的遁龙桩又被收去了。

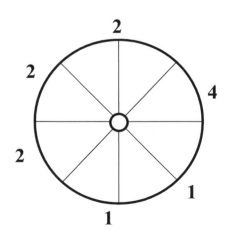

魔礼红又冲哪吒转动混元珍珠伞，伞面边缘上出现的数字如下图所示。哪吒同样不识，所以他的乾坤圈被伞收走了。

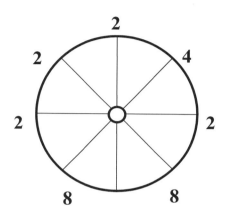

不得已，姜子牙只得亲自出马，擎起了他的打神鞭来战。魔礼红连姜子牙也不放在眼里，不屑地继续转动混元珍珠伞，伞面边缘上出现的数字如下图所示。姜子牙居然也没勘破，好好的一根打神鞭也被魔礼红收走了。

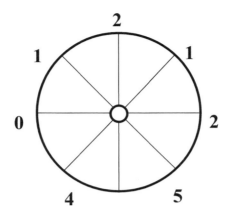

魔礼青见西岐众将的兵器都没了，于是把手中的青云剑往天上一扔。冰雹法术起了作用，剑上寒气一遇冷空气就变成了大大小小的冰雹，冰雹纷纷落下，西岐人马被砸得大乱，兵将们顶着一脑袋大包，大败而回。

回来之后，姜子牙反复研究，才想出了破解混元珍珠伞上 3 次符咒数字的方法。

金吒看到的伞可以这样破：$22 \times 2 \div 4 = 11$；

哪吒看到的伞可以这样破：$8 \div 8 \times 2 \times 2 + 2 - 4 = 2$；

姜子牙自己看到的伞可以这样破：$5 - 4 - 0 \times 1 + 2 - 1 = 2$。

你们能把冰雹数列从 1、2、7 开始的 3 个数列后面的数列出吗?

数 学 小 知 识

冰雹数列

冰雹数列也叫冰雹猜想、3n + 1 猜想、角谷猜想。随便想一个数,如果它是奇数,则把它乘以 3 再加 1;如果它是偶数,则把它除以 2。对每一个新产生的数都运用这个规则,很快你就会发现上述数列最终都会以 1、4、2、1 循环下去。

1976 年的一天,《华盛顿邮报》于头版头条报道了一则数学新闻。文中记叙了这样一个故事:20 世纪 70 年代中期,在美国多所名牌大学校园内,学生们都像发疯一般,夜以继日,废寝忘食地玩一种数学游戏。这个游戏就是冰雹猜想。

从 1 开始的冰雹数列：1、4、2、1、4、2、1、4、2……

从 2 开始的冰雹数列：2、1、4、2、1、4、2、1、4……

从 7 开始的冰雹数列：7、22、11、34、17、52、26、13、40、20、10、5、16、8、4、2、1、4……

话说玉泉山金霞洞玉鼎真人有一位高徒，名叫杨戬。此人不仅会七十二般变化，还长了三只眼。

杨戬学成武艺和道法，正愁无处施展，恰好得知师叔姜子牙正苦战魔家四将不成，已经紧闭城门，高挂免战牌，杨戬便奉了师命前来助战。

姜子牙见杨戬头戴扇云冠，身穿水合服，腰束丝带，脚蹬麻鞋，相貌不俗，另外身后还跟随了一只浑身黝黑、体格健硕的大狗，颇感意外。

"这里可是你死我活的兵家战场，不是纨绔子弟遛狗的场所！"姜子牙知道一些富家子弟没有真才实学，担心这位师侄也是一般货色。

杨戬朗声道："这是我的哮天犬。它是我忠实的伙伴，能够助我在两军阵前打败敌将！"

哮天犬似乎听到了主人在为自己正名，昂首挺胸，高声吠叫起来。

姜子牙见杨戬年轻气盛，担心他计谋不足，有意考考他，便问："师侄，假设你和魔家四将各自从双方营地同时出发，相对而行，双方营地相距 1308 丈。你每炷香时间走 120 丈，魔家四将每炷香时间走 98 丈，多长时间后你们会相遇？"

杨戬拱手道："师叔，根据'相遇时间＝路程 ÷ 速度和'的公式，

"即 $1308 \div (120 + 98) = 6$；

"所以，我和魔家四将各自从双方营地同时出发，6 炷香时间后会相遇。"

姜子牙这才放心，连忙命人摆了宴席，给杨戬及哮天犬接风洗尘。

杨戬一来，西岐军欢欣鼓舞，士气大振，连免战牌也摘了。

魔家四将得知后也是摩拳擦掌，即刻出营挑战。

探马报入相府，姜子牙便让酒足饭饱的杨戬携哮天犬出战，让哪吒压阵。

城门开处，杨戬手持三尖两刃刀出马，只见魔家四

将一个个高大威猛、膀大腰圆，正是威风凛凛冲霄汉，杀气腾腾逼斗星。

杨戬纵马扬刀，丝毫不惧。哮天犬更是扯开了嗓子，狂吠了数声。

作为压阵官的哪吒也在后面擂鼓助威，还高声喊道："杨戬哥哥，放狗咬他们！"

哮天犬倒真是很勇猛，主动出击，蹿上去，一时让魔家四将乱了阵脚。不过，魔礼寿也有一只战宠花狐貂，他当即放出花狐貂。只见花狐貂迎空一展，就化作一头张着血盆大口的白象，一口朝杨戬咬下去。

杨戬将计就计，使出七十二变，假装被咬。压阵的哪吒可没看出真假，连忙鸣金收兵，勉强把哮天犬救了回来，杨戬的尸首却已经找不到了。

魔家四将以为得胜，收兵回营，不知道杨戬隐遁身形悄悄跟了过来。

当晚，魔家四将喝得酩酊大醉。魔礼寿又放出花狐貂，想让它吃掉武王和姜子牙，却被偷听到此计的杨戬在半道上杀死了花狐貂，又变作花狐貂的模样反身回来，将那把收去了西岐无数法宝的混元珍珠伞盗走了。

第二天再战，没了法宝的魔家四将再不能耀武扬威，很快被杨戬联手黄天化打败。

谁知黄天化回城后没有夸杨戬，却夸起了哮天犬，逢人就说："今天这场仗可把哮天犬辛苦坏了！哮天犬和杨戬同时出发，哮天犬以每炷香时间跑 150 丈的速度向魔家四将奔去，遇到魔家四将后咬一口即回头向杨戬奔来，遇到杨戬又回头向魔家四将奔去，直到杨戬与魔家四将双方相遇时哮天犬才停住。它的扰敌之术非常成功！"

哪吒好奇地问："哮天犬一共跑了多少丈？"

黄天化咋舌道："总之，姜丞相料事如神，杨戬与魔家四将相遇真的用了 6 炷香的时间，剩下的你自己算吧！"

哪吒认真算起来："哮天犬从杨戬出发的那一刻起，就在杨戬和魔家四将之间不停地往返跑，一直没有停息，所以它奔跑的时间跟杨戬一样，也是 6 炷香时间。

"根据距离＝速度×时间，就可以得出哮天犬跑出了 $150 \times 6 = 900$（丈）。

"所以哮天犬共跑了 900 丈。对不对呢？"

早就累得瘫软的哮天犬忽然汪汪叫了两声，似乎是在回答哪吒的问话。

杨戬和哪吒在周长为 800 米的环形跑道上跑步。哪吒有风火轮，每秒钟跑 10 米，杨戬每秒钟跑 6 米。他们从同一地点同时出发，背向而跑，那么，二人从出发到第二次相遇需多长时间？

数学小知识

相遇问题

相遇问题也属于行程问题，但和一般的行程问题的区别在于不是一个物体的运动。它研究的速度包含两个物体的速度，也就是速度和。从出发到相遇的时间是相遇时间，从出发到相遇合走的路程是相遇路程。

相遇问题的关系式是：

速度和 × 相遇时间＝路程；

路程 ÷ 速度和＝相遇时间；

路程 ÷ 相遇时间＝速度和。

遇到简单的题目可直接套用公式，复杂的题目需要变通后再套用公式。

　　注意题目中有"第二次相遇"，可以理解为二人跑了两圈。因此，总路程为 $800 \times 2 = 1600$ 米。

　　根据相遇问题的关系式——路程÷速度和＝相遇时间：

　　相遇时间＝（800×2）÷（$10 + 6$）＝ 100（秒）；

　　所以二人从出发到第二次相遇需 100 秒。

雷震子和辛环的飞行大赛

　　姜子牙率领众将，趁着夜色浓重来劫闻太师行营。闻太师这边毫无提防，西岐大军势如破竹，直打到中军帐前。闻太师见先锋官哪吒脚蹬风火轮，手持火尖枪杀来，忙骑上了墨麒麟，提鞭迎敌。那边黄天化催动胯下玉麒麟，配合哪吒一起围住闻太师不放。金吒、木吒也不肯输给自己的小兄弟，挥舞宝剑上前助战。

　　哪吒等人把闻太师围困住的同时，黄飞虎父子冲进左营，与邓忠、张节大战，南宫适、辛甲等将冲入右营，与辛环、陶荣接战；杨戬又从后营杀进去，纵马摇刀，直杀至粮草堆上，借胸中三昧真火，将粮草烧着，火光熊熊，照彻天地。

　　军粮一烧，成汤大营立刻军心涣散。闻太师正酣战间，忽见火起，心中大惊，又见姜子牙赶到，把打神鞭悬于空中。闻太师被这一鞭打得胸腔欲裂，口吐鲜血，自知不能再战，幸好手下大将辛环张开一双肉翅滑翔俯冲，飞了过来，抱着闻太师飞出包围圈，落荒而逃。

谁知两人逃走没多远，只见对面空中飞来一人，面如蓝靛，发似朱砂，满嘴獠牙，好一副凶恶之相！

原来此人就是雷震子，背后生有风雷翅一对，因此也是一个"飞将军"！雷震子正是得了终南山玉柱洞云中子师父的口令，前来助姜子牙师叔伐纣的。

雷震子居高临下，如老鹰扑小鸡一般朝着闻太师头顶百会穴举棍就打。辛环也不示弱，拿出兵器铁钻枪迎面还击，只见空中四翅翻腾，枪棍交加，火星四溅。很快，辛环力气不足，忽然心生一计，叫道："咱们都是有翅膀的人，既是同相，何必苦苦相逼，留我们一条活路可好？"雷震子铁面无私道："我今天就是要叫你们插翅难飞！"

辛环说："既然说到飞，咱们先比比飞行的能力。那边的山峰，你绕它飞行一周要多久？"

"只要5炷香的时间。"雷震子答道。

"好啊，我大约需要6炷香的时间。"辛环说道。

　　雷震子乐了："那你可比我慢。因为比赛的时候，同样的距离，花费时间越少，速度越快！"

　　"即使如此，咱们同时出发，我保证能在 30 炷香的时间内追上你！"辛环满怀信心地说。

"我不信。"雷震子觉得对方没自己飞得快，一定追不上自己。

"那咱们就打个赌，如果我追上你，你就要放我家太师一条生路。"

"好，赌就赌！"

结果这一次雷震子又犯糊涂了。因为辛环确实能在 30 炷香的时间内追上雷震子，虽然两人的速度不同，但取 5 和 6 的最小公倍数：$5 \times 6 = 30$。在第 30 炷香燃尽之时，雷震子恰好绕着山峰飞了 6 圈，而辛环恰好绕着山峰飞了 5 圈，两人刚好在出发点相遇。

假设这座山峰绕一圈是 3000 米，辛环和雷震子同时同地同向出发，3 炷香的时间后，两人相距多远？

因为辛环绕山峰一圈需要 6 炷香的时间，雷震子绕山峰一圈需要 5 炷香的时间，

所以 3 炷香的时间后，相当于辛环飞了一圈路程的 $\frac{3}{6}$，雷震子飞了一圈路程的 $\frac{3}{5}$；

又知道这座山峰绕一圈是 3000 米，即可以算出二人各飞了多少米：

辛环飞了 $3000 \times \frac{3}{6} = 1500$（米），雷震子飞了 $3000 \times \frac{3}{5} = 1800$（米）；

$1800 - 1500 = 300$（米）就是两人相距的距离，

所以 3 炷香的时间后，两人相距 300 米。

从这个角度也能看出，要想两人相距 3000 米，需要 10 倍的 3 炷香时间，也就是 30 炷香时间，两人才能相遇，只不过是雷震子多兜了一圈，从后面又赶上了辛环。

这道题还有一个算法。

先按一圈为单位 1，算两人相差多少：

$\frac{3}{5} - \frac{3}{6} = \frac{18}{30} - \frac{15}{30} = \frac{3}{30} = \frac{1}{10}$；

再用一圈的实际距离 $3000 \times \frac{1}{10} = 300$（米），

从中可以看出 10 个 $\frac{1}{10}$ 正好是一圈，再用 10 倍的 3 炷香时间，即 30 炷香时间，两人才能相遇。

姜子牙破解阵眼数字谜

幸得辛环拼死保护，闻太师才逃出困局，收住残兵败将，结下营寨，查点折损的兵士共有 2 万多人。闻太师升帐，长叹道："我带兵打仗多年，未曾败绩，今日到此，打了个大败仗，真是痛彻心扉！"

手下将领吉立上前劝道："太师不必忧虑，您在三山五岳之中，道友颇多，只需请得一两位，大事自然可成。"

闻太师闻言恍然大悟："对啊，在家靠父母，出门靠朋友嘛！"要知道，闻太师结交的三山五岳的道友可是不少。

闻太师当即骑上墨麒麟，直奔东海金鳌岛而来。

虽然岛上风光旖旎，闻太师却没心情观瞧，可是在岛上转了几圈，只见各处洞府大门紧闭，叫了几声也无人应答。闻太师沉吟半晌："莫非树倒猢狲散，大家见我落败，恐来求助，提前躲开啦？"刚出岛来，身后有人叫他，闻太师回顾，见来者乃菡芝仙。

闻太师这才得知，原来金鳌岛众道友都前往白鹿岛去排演十阵图，因此岛上无人！

闻太师谢过菡芝仙，这才来到白鹿岛。

只见众道人或戴一字巾、九扬巾，或顶鱼尾金冠、碧玉冠，或绾双抓髻，或头陀样打扮，聚在山坡前坐成一圈闲话。

闻太师看见他们，仿佛他乡遇故知，双目含泪大呼道："诸位道友，你们好自在也！"

众道友回头看到闻太师，纷纷起身相迎，其中有秦天君代表大家说道："闻道兄征伐西岐自然辛苦，但我等也没闲着，正不分昼夜地演练十阵图。我们刚刚练熟，恰好道兄降临，真是万千之幸。"

闻太师好奇地问："不知道诸位道兄演练的是哪十阵啊？"

秦天君卖关子道："这十阵说来各有妙用，明日至西岐摆下阵来，你便知道了，其中变化无穷，保管让姜子牙大吃苦头。"

闻太师拍掌道："如此甚好！"

次日成汤营里，炮声一响，排开阵势，闻太师乘墨麒麟出列，点名叫姜子牙前来答话。

前线有士兵报进相府，姜子牙也调遣三军，摆出阵来。

姜子牙坐在四不相上，看成汤营里，已然布成阵势，只见闻太师坐着墨麒麟，执金鞭在前。他后面却多了十位道人，一个个面相好不凶恶，脸分五色，青、黄、赤、白、红，俱是骑鹿而来。

姜子牙暗笑：不过是一群乌合之众，打仗讲究的是兵法，而不是看人脸色。

秦天君乘鹿上前，打稽首说："姜子牙请了。"

姜子牙欠背躬身答道："道兄请了。不知几位道兄来自哪座名山，何处洞府？"

秦天君道："吾乃金鳌岛秦完是也。大家都是同道中人，为什么你要欺负我门人？"

姜子牙道："道友何出此言？"

秦天君说："你将九龙岛魔家四将诛戮，岂非欺侮我门人？我等今日下山，就是要与你见个雌雄！给你点颜色看看！"

姜子牙懂了：什么青、黄、赤、白、红，原来是给我点颜色看看呀！

"好吧，你们出招吧。"

"我们已经摆好了十绝阵，你敢不敢来斗斗阵法？"

姜子牙只好说声"领教了"，便带着哪吒、黄天化、雷震子、杨戬四位门人来看十绝阵。

只见头一阵，挑起一牌，上书"天绝阵"，第二阵上书"地烈阵"，第三阵上书"风吼阵"，第四阵上书"寒冰阵"，第五阵上书"金光阵"，第六阵上书"化血阵"，第七阵上书"烈焰阵"，第八阵上书"落魂阵"，第九阵上书"红水阵"，第十阵上书"红沙阵"。

姜子牙看完后，又来到阵前。秦天君问道："姜尚，你知道此阵的厉害了吧？"

姜子牙胸有成竹地说："这十阵我已经知道了，尤其那阵眼是一个奇妙的六列人组成的方阵，左边第一列是1个人，在它右边的五列分别有不同的人数。实际上，这六列人代表一个六位数。当发生阵型变化时，把该数乘以3，得到的数字相当于只要把左边第一列移到最右边，而其他五列人依次左移一位就行了。"

旗帜文字（从左上方起）：天绝阵　地烈阵　风吼阵　寒冰阵　化血阵　金光阵　落魂阵　烈焰阵　红水阵　红沙阵

　　秦天君问道："说这么多干什么，你可能破阵？"

　　姜子牙笑道："当然能了！先设这个六位数为1ABCDE。请天君注意，这里不是1×A×B×C×D×E的意思，而是表示一个六位数，也可以记作1x（其中x是一个五位数）。因为'1'在'十万'这个数位上，所以1x的数值是100000＋x，根据阵型变化造出的新六位数是 ABCDE1，记作 x1。它的数值是 10x + 1。

"为什么是 10x + 1 呢？因为在十进制中，一个五位数要进位成六位数就要乘以 10。

"我们先来想一个简单的数，比如把 2 从个位进到十位，就变成了 20，20 = 2×10。

"这时候，个位已经空了，所以要加上那个移到最右边的 1，只需要记作：10x + 1。

"于是可以列出等式：

"3（100000 + x）= 10x + 1；

"300000 + 3x = 10x + 1；

"7x = 299999；

"x = 42857；

"所以这个六位数是 142857。

"我们来验证一下，142857×3 = 428571。也就是方阵最左边一列 1 个人，第二列 4 个人，第三列 2 个人，第四列 8 个人，第五列 5 个人，第六列 7 个人。"

一直跟随保护姜子牙的哪吒忽然说："对啦，师叔，我想到一个分数 $\frac{1}{7}$，把它变成小数就是 0.142857142857 14285714285714285714……这个无限循环小数中间反复

146

出现的数段不就是 142857 吗？"

姜子牙赞许地拍拍小哪吒的肩膀说："不错，不错，贤侄，你很善于思考和观察，你的'小数点'法宝在破此阵时又可以发挥威力了！"

秦天君大惊失色，刚要变阵，可是已经来不及了，姜子牙早就将弟子吩咐好，哪吒、黄天化、雷震子、杨戬突破阵眼的士兵方阵，直捣黄龙，十绝阵覆灭了。

申公豹和土行孙的地行大赛

申公豹得知闻太师在绝龙岭上身亡，把姜子牙恨得牙痒痒，于是前往五岳三山寻找仙客，广募英才，为再伐西岐做准备。

这天，申公豹骑着他的坐骑白额虎，经过夹龙山飞云洞上空时，忽见山崖上有一小童正跳跃玩耍，活泼得像一只小兔子，身上还散发出一股仙气。

申公豹慧眼识珠，断定此小童必是个人才，于是急忙从白额虎上跳下来，仔细察看这个小童，却不料这小童竟然是一个矮子，身高不过四尺，面如土色。

申公豹不免有些失望，但还是开口问询："那童儿，你是哪家的徒弟？"

小童见申公豹生得威风凛凛，旁边的白额虎更是唬人，便上前施礼道："老师从哪里来？"

申公豹心头不悦，心想：我问你话，你不回答，反而调查起我的来历，但碍于自己仙道大宗师的身份，还是坦然道："我从海岛来。"

小童笑道："那我得叫您一声师叔啦。"

申公豹奇怪地问："你师父是谁，你又叫什么名字？"

小童这才老实回答："我师父是惧留孙，弟子叫作土行孙。"

对于小童的师承，申公豹还算满意，于是继续追问："你学艺多少年了？"

土行孙答道："学艺百载。"

申公豹暗地里唏嘘不已，表面上故意摇头骗他："我看你不能得道成仙，只好修个人间富贵。"

土行孙久居深山，不通世情，所以别看年纪一大把，还是儿童的心性，好奇地问："怎样是人间富贵？"

申公豹笑呵呵说道："据我看来，你可以身披蟒衣，腰缠玉带，享受君王一般的富贵。"

蟒衣玉带，那可是大富大贵啊！土行孙不免心动，忙请教："怎样才能达成如此富贵？"

申公豹说："你若肯下山，我便写信荐你，就能成功。"

土行孙欢喜道："老师指我往哪里去？"

申公豹说："荐你往三山关邓九公处去，只要你肯尽心效力，要不了多久大事可成。"

土行孙拱手谢道："若得寸功，感恩匪浅。"

申公豹这才打听对方的本领："不过你得先说说你有什么本事。"

土行孙说："弟子会土遁，能地行千里。"

申公豹笑道："地行千里？你可真能口出狂言，那你便试行一下我看看。"

土行孙把身子一扭，往土里一钻，即时不见，过了一会儿，才又从土里钻出，说道："老师，我已经走到千里之外，又走了回来，来回正好是两千里地。"

申公豹急忙挥手打断道："你钻到地里，我也看不到你，谁知道你是不是真的走到了千里之外？我看，咱们还是比一比。"

土行孙为难地说："要是在地上比，我就走得没那么快了。这样吧，我钻得浅一些，让老师能够目睹我刨出的土垄。前面山坡很平整，土质松软，正好是一处现成的赛道，老师要比，咱们就去那里比吧。"

土行孙带着申公豹来到山坡那里检视赛道。这赛道总长 200 米，赛道的终点在直道上。因为中间要绕过一座小山，在赛道中段形成一个半圆圈。

土行孙刚用刨土垄的形式画出两条跑道，申公豹狡猾，立马抢先占据了内圈的跑道。

土行孙虽然天真迟钝，但并不傻，他擦着鼻头说："不行啊！老师，内圈跑道的人占便宜，为了公平，外圈跑道的起点还要挪前一点。"

　　申公豹眯着眼说道："我查看过，这两条跑道均为1米宽。你想更加公平，那也好，只是外圈跑道的起点要比内圈跑道前挪多少米呢？挪少了你依旧吃亏，挪多了我又吃亏了，不太好算吧？"

　　土行孙思考了一阵，便说："有啦！如果内圈的一号跑道在半圆形处的半径是 R 米（指它的中心线）。那么外圈的二号跑道就是（R＋1）米。一号跑道中弧线部分长是 πR 米，二号跑道中弧线部分长是 π（R＋1）米。弧线部分相差 π（R＋1）－πR＝π×1＝π 米，这就是外圈跑道起点比内圈跑道起点要前挪的距离，可见，与 R 已经没有关系了。所以，公平起见，外圈跑道的起点线要比内圈跑道前挪 3.1415926 米（如下图所示）。"

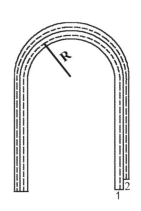

申公豹听了土行孙的讲解说不出什么，只得点点头，当即和土行孙比试。

虽然申公豹骑着白额虎，土行孙徒手徒脚，还要遭遇土石的阻挡，但土行孙毫不逊色，两人几乎同时到达终点。申公豹对土行孙"地行千里"的才能非常满意，又骗他盗了师父惧留孙的捆仙绳和五壶丹药，这便指引他前往三山关而去。

自测题

如果这条弧形跑道外圈还有6条跑道，总共8条跑道，那么从第三条跑道开始，其余几条跑道的起点分别距离第一条跑道的起点多少米呢？

第一条跑道中弧线部分长是 πR 米，第三条跑道中弧线部分长是 π（R＋2）米。

弧线部分相差 π（R＋2）－ πR ＝ π×2 ＝ 2π 米，则第三条跑道弧线部分相差 2π 米。

以此类推：

第四条跑道弧线部分相差 3π 米；

第五条跑道弧线部分相差 4π 米；

第六条跑道弧线部分相差 5π 米；

第七条跑道弧线部分相差 6π 米；

第八条跑道弧线部分相差 7π 米。

所以从第三条跑道至第八条跑道，起点分别距离第一条跑道的起点 2π 米、3π 米、4π 米、5π 米、6π 米、7π 米。

邓婵玉的五光石体积

话说闻仲乃是帝乙托孤的大臣，纣王的重臣，得知"闻太师死于绝龙岭"这个噩耗，纣王伤感了一夜，第二天在朝堂上问左右文武大臣，接下来还能派谁去拿姜子牙呢？有人提议：三山关总兵邓九公，前日已大破南伯侯鄂顺，屡建大功，若想破西岐，非此人不可！于是纣王便发诏请邓九公西伐。

邓九公慨然接诏，点将祭旗，发兵西岐。

就在这时候，有一个小矮人投奔邓九公。小矮人是谁呢？正是被申公豹诓来的土行孙。

邓九公见土行孙身长不过四尺，长相又猥琐不堪，并没打算重用，只封了土行孙一个五军督粮使的职务，让土行孙负责监督运粮。

只用了一个月的急行军，邓九公的人马便来到了西岐的东大门外。

两方交战，前面已经说过哪吒的"小数点"乾坤圈的威力，邓九公也被乾坤圈打伤了。他的女儿邓婵玉是个孝女，于是请父亲歇息养伤，她点了本部人马，到城下请战。

　　姜子牙再命哪吒出战，两人刀枪往来，战了没有几个回合，邓婵玉便把马一拍，掩刀就走。

　　哪吒还以为对方是女子，力气不济，不能久战，举着火尖枪，急蹬风火轮，从后面赶杀过来。邓婵玉看到两人相距三五箭之地，便挂下刀，悄悄取出五光石握在手中，猛地一回手，正中哪吒的小脸，把哪吒打了个乌眼青。

　　哪吒败回相府，把交战经过一说，黄天化就笑道："是三公子太轻敌了，怪不得人家石头厉害。"

　　姜子牙则叹道："邓婵玉使的可不是普通的石头，而是五光石，不懂得里面的玄机就无法取胜。"

　　众人一起商量了半天，还是不得其法。

　　第二天，前一日刚取笑哪吒轻敌的黄天化也被邓婵玉飞石破了相，这真叫五十步笑百步。

　　第三天，龙须虎出战，杨戬压阵。龙须虎生得比较怪，手似鹰隼足似虎，身如鱼鳞髯如虾，一出阵，就把邓婵玉吓得花容失色。而且龙须虎也会扔石头，石头的个头更大，好像磨盘一样，却被龙须虎当作暗器飞来飞去。不过，邓婵玉的马跑得快躲过了，她回手又是一记五光石，龙须虎虽然低头把脸躲开了攻击，但怎奈脖子太长，这么一低头的工夫，后脖颈弯下来，刚巧被五光石打中，疼得哇哇直叫。

杨戬在压阵之时，通过自己额头上的第三只眼终于看清楚了五光石。原来五光石是一个圆锥造型，如下图所示：

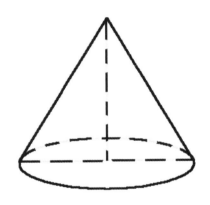

杨戬忽然灵机一动，如果按照这个方法……说不定就能破解五光石了！

邓婵玉回马要来斩杀龙须虎，被压阵的杨戬拦下，二人打在一起。邓婵玉屡次飞石，打在杨戬脸上，只是火星迸出，杨戬却跟没事人一样。邓婵玉哪里知道杨戬此刻已经勘破五光石的玄机，又会七十二变，把面门变成了铁板一块，石头打来，金石相击，不过擦出几个火花罢了，邓婵玉不觉暗暗焦躁起来。

打着打着，杨戬忽然说："你有暗器，我也有。"说完，杨戬一个呼哨，随身宠物哮天犬就朝邓婵玉冲了过去。这"活"暗器当真好使，不用投掷，还能自动调整追击轨迹。只见哮天犬闪电般高高跃起，咬住了邓婵玉的脖颈。邓婵玉负痛难忍，几乎落马，大败回营。

杨戬回来后，哪吒、黄天化、龙须虎三人把他团团围住，非要他把破解五光石的过程说个明明白白。

杨戬手指自己额头上的第三只眼睛笑道："多亏了它，我才看出五光石的玄机。那五光石原来是个圆锥。圆锥顶部杀伤力比较大，邓婵玉投掷五光石时，会让石头在空中旋转，所以我尽量避其锋芒，等到五光石转到圆底那一边的时候再用脸接住。另外，它的力道还跟体积有关，我只要算出它的体积，就能化解力道。"

哪吒还是有疑惑，问道："那五光石的体积怎么算呢？"

杨戬又把圆锥的体积公式以及底面积的公式写出来：

圆锥体积 $= \frac{1}{3}$ 底面积 × 高

底面积 $= \pi ×$ 圆底半径的平方

"你们看，有了公式，再结合我用第三只眼识别出五光石的圆底直径是 2 寸，高是 3 寸，代入公式：

"圆锥体积 $= \frac{1}{3} × \pi × (2÷2)^2 × 3 = 3.14$（立方寸）。"杨戬不厌其烦地讲解。

哪吒、黄天化、龙须虎这才恍然大悟，对这个三眼少年更加佩服了。

自测题

　　小胖墩果脯在冷饮店买了一个圆锥造型的巧克力冰激凌，刚出门就遇到了同学果冻。果冻告诉他："这种巧克力冰激凌，每毫升会产生 6 焦耳的热量，你算算把它全部吃下去，要产生多少热量吧？你不减肥啦？"果脯算完后吓了一跳。

　　已知冰激凌的底面直径是 4 厘米，高是 6 厘米，你们知道它总共能产生多少焦耳的热量吗？

先算圆锥造型的冰激凌的体积：

$\frac{1}{3} \times \pi \times (4 \div 2)^2 \times 6 = 25.12$（立方厘米）

又因为 25.12 立方厘米 = 25.12 毫升；

根据这种巧克力冰激凌每毫升会产生 6 焦耳的热量，

得到 $25.12 \times 6 = 150.72$（焦耳）。

所以这个冰激凌总共能产生 150.72 焦耳的热量。

捆仙绳上的两鼠穿垣

话说邓九公父女都负了重伤各自休息。这时，土行孙进帐问安，见邓九公疼痛难忍，忙取出从惧留孙那里拿来的药葫芦，倒出一粒金丹，用水研开，再用鸟翎把药水涂在邓九公的伤口上，真如甘露沁心，立时止痛。

邓九公想起女儿的伤势也不轻，急忙让人搀出了邓婵玉。

土行孙一看说："大小姐的伤势比较重，原来浓度为 20% 的药水 300 钱，现在要把它变成浓度为 40% 的药水，还需要再加点金丹。"

邓九公不放心地说："我听说这金丹里面含汞，那是剧毒，用好了可以救人，用不好就要害人性命，到底要加多少金丹，你可有准确数字？"

土行孙微笑道："邓大帅，您听我说，在原来浓度为 20% 的药水中增加金丹，就改变了原来药水的浓度。

金丹的质量增加了，药水的质量也增加了，但水的质量并没有改变。因此，可以先根据原来药水中的浓度求出水的质量，再根据后来药水中的浓度求出配制后药水的质量，最后用配制后药水的质量减去原来药水的质量就是增加的金丹的质量。

"原来药水中水的质量：$300 \times (1 - 20\%) = 300 \times 80\% = 240$（钱[①]）；

"同样的水在配制后的药水中占比是 $1 - 40\% = 60\%$；

"所以配制后的药水总质量：$240 \div 60\% = 400$（钱）；

"加入的金丹的质量：$400 - 300 = 100$（钱）。

"您要是不放心，咱们再来验算一下：

"原来浓度为 20% 的药水 300 钱，则其中金丹质量为 $300 \times 20\% = 60$（钱）；

"加入金丹后变为 $60 + 100 = 160$（钱）；

"配制后药水浓度：$160 \div (300 + 100) = 160 \div 400 = 40\%$，符合我刚刚所说的浓度百分比。

"其实我比您更在意小姐的伤势，您就放心交给我吧！"

---

① 古代计量单位，1 钱相当于 3.125 克。

邓九公只好勉强同意。

土行孙配好新的药水，同样施治，邓婵玉脖子上的伤果真见好。

邓九公大喜，当晚就摆宴招待土行孙，还把他升为正印先锋官。

土行孙立功心切，又是新官上任三把火，当即挂印施威，领本部人马，杀奔西岐城下，点名让哪吒出战。

哪吒出了城门，高高地站在风火轮上来回观望，瞅半天愣是没瞅到对方的将领在哪儿。

原来土行孙身高才四尺，完全被高他几头的士兵们淹没了。

土行孙尖声高叫："来者何人？"

哪吒听到声音才发现了土行孙，原来是一个拿着铁棍的小矮子。

哪吒嫌土行孙个小，大笑不止，把火尖枪往下一戳，土行孙则把铁棍往上迎来。两个人交上手，不过，一个高，一个矮，一个在轮子上，一个在地上，两人都杀出一身臭汗，可谁也打不着谁。

土行孙觉得这样打下去打到地老天荒也分不出胜负，便跳出圈子大叫："哪吒，你高我矮，你不好发手，我不好用功，你下轮来，咱们见个输赢。"

哪吒完全没把土行孙放在眼里，心想下轮就下轮，平地上照样把你打得落花流水。谁知哪吒刚跳下风火轮，腿上就挨了一棍，急待转身，土行孙又钻到后面，往哪吒的屁股上又打了两棍。

哪吒从小到大都没受过这样的欺辱，即使面对四海龙王，也没落过下风，这下急了，从脖子上摘下了乾坤圈。谁知还没出手，土行孙那边先一步祭起了法宝捆仙绳，把哪吒捆成一个人肉粽子，叫士兵们抬回营寨。

西岐这边，黄天化骑上玉麒麟来救哪吒，被土行孙轻轻松松祭出捆仙绳，绑成更大一号的人肉粽子，抬回营寨。

土行孙趾高气扬地得胜而归。当晚，邓九公大摆庆功宴，喝多了，酒后失言道："土行孙，你若早破西岐，我就把小女许配给你！"

听到邓元帅的醉话，土行孙不由得热血沸腾，一夜辗转反侧。到了次日一早，他连早饭都没吃，就迫不及待地出营排开阵势，点名要姜子牙出战。

姜子牙出来，土行孙不由分说，举着铁棍劈面打来。姜子牙用剑架隔，如此往来，不到三五回合，土行孙再次祭起捆仙绳，姜子牙也难逃此厄，从坐骑上掉下来。土行孙命手下士卒来拿，却没跑过姜子牙的士卒。西岐这边士卒奋勇冲出，早到一步，把姜子牙抢进城去了。

原来，姜子牙阵营和土行孙阵营相距不过45米。双方士卒分别从各自阵营同时出发，相向而行，姜子牙的士卒比土行孙的士卒每秒多跑1米，5秒后双方士卒相遇。

那么双方士卒的奔跑速度各是多少呢？

因为双方士卒的速度和为 $45 \div 5 = 9$（米 / 秒）；

所以姜子牙士卒的速度为 $(9 + 1) \div 2 = 5$（米 / 秒）；
土行孙士卒的速度为 $9 - 5 = 4$（米 / 秒）。

姜子牙被捆仙绳捆住时正好在战场正中央，也就是距离双方阵营都是 $45 \div 2 = 22.5$ 米的地方。以刚才的速度分析，姜子牙的士卒会先到达，所以姜子牙才有幸被救回了大本营。

主帅差点儿被擒，西岐阵营乱作一团，唯有杨戬在后面压阵，看见土行孙手上金光一道，其光正而不邪，不禁嘀咕："这绳子有些古怪。"

且说众将抢了姜子牙回到相府，纷纷来解此绳，怎奈绳扣太紧，解不开，想要用刀割绳，但绳子都陷在肉里，无从下手。

西岐将领中最冷静的还得是杨戬。他站立在旁，仔细观察绳子，猛然想起这是捆仙绳。就在这时，白鹤童子来了，口称："师叔！奉老师法牒，用这法宝符印，可将此绳解去。"

白鹤童子将法宝符印往捆仙绳的绳头上一挂，绳子上就出现了一行小字：

今有垣厚五尺，两鼠对穿。大鼠日一尺，小鼠亦一尺。大鼠日自倍，小鼠日自半。问：何日相逢？各穿几何？

挂念相父的武王垂泪道："看不懂，谁能给小王解释一下？"

杨戬笑道："这有何难！绳子上的算术题跟老鼠打洞有关：有一垛厚五尺的墙壁，大小两只老鼠同时从墙的两面，沿一条直线相对打洞。大鼠第一天打进 1 尺，以后每天的进度为前一天的 2 倍；小鼠第一天也打进 1 尺，以后每天的进度是前一天的一半。问：它们几天可以相遇？相遇时各打进了多少？"

白鹤童子说："没错，就是这个题目，需要先解开题目，捆仙绳方能解开。"

武王忙问："杨将军可会算？"

杨戬点头说："两鼠穿垣实际上是行程问题中的相遇问题。为了方便计算，我们把尺化成寸来计算，根据 1 尺 = 10 寸，得到墙厚 50 寸。为了看得直观，我再画一张大小两鼠每天打洞的进度表……拿笔来！"

杨戬唰唰唰几笔，就在绢布上画出了如下表格：

	第一天	第二天	第三天
大鼠	10 寸	$10 \times 2 = 20$ 寸	$20 \times 2 = 40$ 寸
小鼠	10 寸	$10 \div 2 = 5$ 寸	$5 \div 2 = 2.5$ 寸
当日合计	20 寸	25 寸	42.5 寸

"从表上可知，到了第二天，两只老鼠一共打了 20 + 25 = 45 寸，还差 5 寸就可以打通，因此在第三天肯定能够打通，而打最后的 5 寸不需要第三天的一整天。

"既然从表上可知，第三天如果打满一天的时间，两只老鼠一共可以打 42.5 寸，只要看看 5 寸占 42.5 寸的多少，就知道占用一整天的多少时间：

"$5 \div 42.5 = \dfrac{2}{17}$（天）；

"再加上前两天，一共是 $2 + \dfrac{2}{17} = 2\dfrac{2}{17}$（天）；

"所以，第一个问题就解决了，它们 $2\dfrac{2}{17}$ 天可以相遇。

"相遇时，大鼠打了 $10 + 20 + 40 \times \dfrac{2}{17} = 30 + 4\dfrac{12}{17} = 34\dfrac{12}{17}$（寸）；

"小鼠打了 $10 + 5 + 2.5 \times \dfrac{2}{17} = 15 + \dfrac{5}{2} \times \dfrac{2}{17} = 15\dfrac{5}{17}$（寸）。

"验算一下：

"$34\frac{12}{17} + 15\frac{5}{17} = 49\frac{17}{17} = 50$（寸），符合题意。

"所以相遇时大鼠打进了 $34\frac{12}{17}$ 寸，小鼠打进了 $15\frac{5}{17}$ 寸。"

杨戬话音刚落，捆仙绳也自动从姜子牙身上脱开。

杨戬对姜子牙说："丞相，本来我还有疑问，但白鹤童子刚刚也说了，这是捆仙绳，想必跟惧留孙师叔有关。"

姜子牙叹道："岂有此理！同门兄弟，难道惧留孙反来害我？"

正议论着，土行孙又来挑战，这回杨戬出马应战。

没打几个回合，土行孙祭出捆仙绳来拿杨戬，只见光华灿烂，杨戬意识到不妙时，已被捆仙绳绑了个结结实实。土行孙命士卒抬着杨戬回营，刚到辕门，轰的一声响，杨戬不见了，捆仙绳只绑了一块大石头。众士卒大惊，土行孙亲自察看，也是惊疑不定。

突然背后一股劲风吹来，土行孙急回身，只见杨戬正挥舞三尖两刃刀劈过来，他忙举棍招架。两人打了一会儿，杨戬又遭哮天犬来夹击。土行孙知道哮天犬的厉害，忙将身子一扭，顿时钻入地底，哮天犬"狗刨食"一样地刨了半天，也没能把土行孙挖出来。

杨戬看了，骇然道："还真是地老鼠，会打洞！成汤营里有此人，西岐岌岌可危啊！"

杨戬回去把土行孙会地行术的事情说了。

姜子牙听后十分担忧："万一这人从地底打一路地道过来行刺我和武王，那可不得了！"

思量许久，姜子牙终于想出了防范的策略，于是把人马安排下去，又命府前大门悬三面镜子，大殿上悬五面镜子，一共八面镜子，增加照明度，所有士卒弓上弦、刀出鞘，不得懈怠。

再说土行孙那边，为了赶紧大功告成，好跟邓婵玉成亲，于是当夜真的通过地行术潜入西岐城，准备行刺武王。

看到武王已然睡下，还发出了鼾声，土行孙便悄悄钻出地面，走到床边，提刀便砍。谁知"武王"的眉心忽然睁开第三只眼睛，目光炯炯，晃得土行孙刀也掉了，人也软了。

原来这个假武王正是杨戬变化的。杨戬赶紧把土行孙夹在腋下，不让他双脚着地，若是着了地，他就要借土遁逃了。

杨戬把土行孙带到相府，姜子牙命杨戬将土行孙就地问斩。

坏就坏在这"就地"二字，杨戬也是大意了，刚把土行孙往地上一放，腾出手来好抡刀，可刀刃砍下，土行孙早没了踪影。

杨戬懊恼不已，请命道："让我去往夹龙山找惧留孙师叔，询问捆仙绳的来历。"

姜子牙答应了，叮嘱杨戬速去速回。

惧留孙听完杨戬的来意，骂道："土行孙这个孽徒！他敢私自下山，还盗走我的宝贝，真是无法无天了，看我怎么收拾他！"

第二天，姜子牙独自乘坐四不相，在成汤营门前后转悠，装作刺探军情的模样。

有探马报知土行孙，土行孙赶紧跑出来，举棍照头就打。姜子牙接了几招，转身就跑。土行孙从后面追来，一边追，一边开始抛出捆仙绳。可抛一条，绳子就消失一条。他追了姜子牙一里地，绳子都用完了，方才醒悟。

惧留孙突然现身，手里正捧着一堆绳子，口中叫道："孽徒，还不乖乖受降？"

土行孙吓得魂飞魄散，低头就要往土里钻。惧留孙既然是他的师父，怎会不留一手？当即使出指地成钢符，那块土地立马变成了钢铁，土行孙的头上撞出了一个大包。

趁土行孙缓解脑震荡的工夫，惧留孙问道："我见你追赶姜子牙时，每跑 3 步扔出一条捆仙绳；然后再跑 2 步，又扔出一条捆仙绳。按这样的频率反复，一共一里地。你跑了 525 步，你到底把为师的捆仙绳扔出了多少条？"

土行孙脑袋晕晕乎乎的，但知道自己已然犯了大错，不敢再敷衍师尊，赶紧作答："我那时候每跑 3 步扔出一条捆仙绳，然后再跑 2 步，又扔出一条捆仙绳，相当于我每跑 5 步扔出 2 条捆仙绳。

"我总共跑了 525 步，$525 \div 5 = 105$，即有 105 个 5 步，则扔出的捆仙绳总数为 $105 \times 2 = 210$（条）。

"师父，数目可对？"

惧留孙数数自己刚刚收回的捆仙绳，果然是不多不少，正好 210 条。

"算你命大。倘若少了一条，我可要重重罚你！还不赶紧归降西岐？"惧留孙威严地说道。

土行孙当即拜伏认错，从此归降了西岐。

1. 土行孙最后追赶姜子牙时，每跑 3 步扔出一条捆仙绳；然后再跑 2 步，又扔出一条捆仙绳。按这样的频率反复，你们知道土行孙扔第 23 条捆仙绳的时候，刚好跑出多少步吗？

2. 假设姜子牙阵营和土行孙阵营相距 450 米，双方士卒分别从各自阵营同时出发，相向而行。姜子牙的士卒比土行孙的士卒每秒多行 1 米，土行孙的士卒每秒跑 6 米，多久后双方士卒相遇？

3. 一口水井深 15 米，一只小老鼠从井底往上爬，白天往上爬 7 米，晚上往下出溜 3 米，请问几天能爬上井沿？

4. 有含糖量为 7% 的糖水 600 克，要使其含糖量增加到 10%，需要再加入多少克糖？

"两鼠穿垣" 的出处

实际上，"两鼠穿垣" 这道古代数学题，见于我国著名的古典数学名著《九章算术》一书的"盈不足"一章。《九章算术》大约成书于公元 1 世纪。由于年代久远，它的作者以及准确的成书年代，至今未能考证出来。该书采用罗列一个个数学问题的形式进行编排，全书共收集了 246 道数学题，分成九大类，即九章，所以称为《九章算术》。

自测题答案

1.可以先列出表格，找寻数字对应的规律。

步数序号：3 5 8 10 13 15 18 20 23······

捆仙绳序号：1 2 3 4 5 6 7 8 9······

能够看出所有偶数序列绳子对应的步数序号，都是该绳子序号的 2 倍，再加上 $\frac{1}{2}$，比如：

第 5 步是 $2 \times 2 + 2 \times \dfrac{1}{2} = 5$；

第 10 步是 $4 \times 2 + 4 \times \dfrac{1}{2} = 10$；

那么奇数序列是不是呢？其实只要把最后的数值四舍五入就可以，比如：

第 23 步是 $9 \times 2 + 9 \times \dfrac{1}{2} = 22.5$（四舍五入）$= 23$；

则扔第 23 条捆仙绳的步数是 $23 \times 2 + 23 \times \dfrac{1}{2} = 46 + 11.5 = 57.5$（四舍五入）$= 58$。

另外，我们也可以用每 5 步扔 2 条捆仙绳来算，

$23 = 22 + 1$；

要想扔出 22 条捆仙绳，需要 $22 \div 2 = 11$，相当于 11 个 5 步，即 55 步。这时候再走 3 步，扔出下一条捆仙绳，刚好就是 23 条，步数是 $55 + 3 = 58$。

2.路程 ÷ 速度和＝相遇时间；

双方速度和：$6 + 6 + 1 = 13$（米／秒）；

则相遇时间：$450 \div 13 = 34 \dfrac{8}{13}$（秒）。

所以 $34 \dfrac{8}{13}$ 秒后双方士卒相遇。

3. 根据小老鼠白天往上爬 7 米，晚上往下出溜 3 米的情况，说明它每天实际进度是 $7 - 3 = 4$ 米；

这样两天后，爬了 $4 \times 2 = 8$ 米；

到了第三天的白天，$8 + 7 = 15$ 米，刚好是井深的总长，所以这时候小老鼠就爬上了井沿，不必等晚上再往下出溜了。

所以小老鼠 3 天能爬上井沿。

4.原来糖水中水的质量：$600 \times (1 - 7\%) = 600 \times 93\% = 558$（克）；

同样的水在新的糖水中占比是 $1 - 10\% = 90\%$；

所以新的糖水总质量：$558 \div 90\% = 620$（克）；

加入糖的质量：$620 - 600 = 20$（克）。

验算一下：

原来浓度为 7% 的糖水 600 克，则其中糖的质量为 $600 \times 7\% = 42$（克）；

加入糖后变为 $42 + 20 = 62$（克）；

新糖水的浓度为 $62 \div (600 + 20) = 62 \div 620 = 10\%$，符合题意。

所以，需要再加入 20 克糖。

杨任巧量布匹

话说纣王手下文臣中有一名上大夫，名叫杨任。因为进谏劝阻纣王修建鹿台，被纣王害得失去双目，幸被青峰山紫阳洞的清虚道德真君所救。获救后，此人更加了不得，先不说能力有了飞升，单是相貌就能把人吓死，怎见得呢？原来正常人都是眼睛是眼睛、手是手。可偏偏这位，手眼混用，两个眼眶生出两只手来，手心又有两只眼睛。此眼为神眼，能上看天庭，下看地穴，中看人间千里！

其实早在纣王阶下称臣的时候，杨任手上丈量的功夫就特别好，甚至比朝歌城最好的裁缝还要厉害。他量布匹时，不用尺子，直接用手量。他的"一拃"刚好就是一尺。

奸臣尤浑总是看杨任不顺眼，于是有一天，尤浑带了一匹布，故意上门刁难杨任。

"我这布宽五尺，请杨大人帮我裁成同等宽度的六条布，可不可以？"尤浑表面上和和气气笑眯眯的，心里可在冷笑：你"一拃"是一尺，我现在让你把五尺均分成六段，看你怎么量？！

尤浑还加了一句："这可是大王御赐的布匹，你可别裁坏了！"

谁知杨任连眉头都没有皱一下，抬手便量，很快就画出了裁剪用的标记点，还冲尤浑调皮地眨了眨眼。

尤浑走后，一直躲在屏风后的杨夫人出来问道："夫君是如何做到的呢？可惊出我一身冷汗！"

杨任微笑道："如果在布匹五尺的宽边上等分六段，每段就是$\frac{5}{6}$尺，相当于0.833333……尺。即使用尺子去量，也很难量得准确。怎么办呢？咱们可以换一个思路，如果是六尺，等分六段，每段就是一尺，正好符合我'一拃'的长度。而在宽度为五尺的布匹上，总能找到一条斜线，长度是六尺的，把此斜线分成6等份，得到5个分点。过这5个分点分别作平行于底边的直线，就把布匹分成等宽的六条了。"（如图所示。）

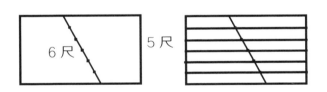

杨夫人叹道："算你聪明，这才涉险过关，朝歌奸佞当道，你在此荒废了才华，我劝夫君还是早投他处。"

后来杨任于潼关救下黄飞虎等四将，最后助姜子牙破了瘟癀阵，成就了一番大业。他死后被封神为"甲子太岁"。

数学桌面小游戏

找你的小伙伴一起来做这个游戏吧！

游戏准备：

两枚骰子。

游戏人数：

两人或多人。

游戏规则：

一次掷两个骰子，每轮每人掷一次，谁掷的点数最大谁赢。

如果你们把每次掷的点数都记录下来，会发现掷出 7 点的次数最多。

这是为什么呢？

首先我们来看，两枚骰子能够掷出多少种点数的组合，因为每个骰子都有六个面，都是 1~6 点，所以两个骰子加在一起就是 36 种组合。如下表所示，上面一行是一个骰子的六个面，左面一列是另一个骰子的六个面。

点数	1	2	3	4	5	6
1	1 + 1	1 + 2	1 + 3	1 + 4	1 + 5	1 + 6
2	2 + 1	2 + 2	2 + 3	2 + 4	2 + 5	2 + 6
3	3 + 1	3 + 2	3 + 3	3 + 4	3 + 5	3 + 6
4	4 + 1	4 + 2	4 + 3	4 + 4	4 + 5	4 + 6
5	5 + 1	5 + 2	5 + 3	5 + 4	5 + 5	5 + 6
6	6 + 1	6 + 2	6 + 3	6 + 4	6 + 5	6 + 6

得到的点数各是多少呢？再来看下面这张表：

点数	1	2	3	4	5	6
1	2	3	4	5	6	7
2	3	4	5	6	7	8
3	4	5	6	7	8	9
4	5	6	7	8	9	10
5	6	7	8	9	10	11
6	7	8	9	10	11	12

我们可以看到点数是 2~12，那么它们各自掷出的概率是多少呢？

我们就要分析在 36 种组合中，掷出 2 的有几次，掷出 3 的有几次，掷出 4 的有几次……

这个很简单，数一数，就可以列出下表：

点数	2	3	4	5	6	7	8	9	10	11	12
概率	$\frac{1}{36}$	$\frac{2}{36}$	$\frac{3}{36}$	$\frac{4}{36}$	$\frac{5}{36}$	$\frac{6}{36}$	$\frac{5}{36}$	$\frac{4}{36}$	$\frac{3}{36}$	$\frac{2}{36}$	$\frac{1}{36}$

看到没有，掷出 7 的概率最高是 $\frac{6}{36}$，接近每 6 次就能掷出 1 次，是不是这样呢？请你们通过这个小游戏来验证一下吧。

话说梅山七圣，实为梅山七怪——是 7 种动物修炼成精的妖怪。七怪的本相分别是白猿精（袁洪）、水牛精（金大升）、狗精（戴礼）、野猪精（朱子真）、蜈蚣精（吴龙）、长蛇精（常昊）和山羊精（杨显）。

因为纣王依了中大夫飞廉的建议，出榜招贤。所谓"重赏之下，必有勇夫"，梅山七怪先后下山，揭榜应召，辅佐纣王带兵在朝歌城附近的孟津城外扎营，凭借各自不同的妖术，阻止姜子牙所率领的周朝大军进攻朝歌。

这天，姜子牙在帅府升堂，询问哪位将领愿去降伏七怪。

三只眼睛的杨戬当即出列请缨道："末将愿往！"

姜子牙见是杨戬，心知胜算很大，就令杨戬带兵马和众诸侯的军队携手前去讨伐梅山七怪。

来到两军阵前，杨戬瞪亮了眉间的天眼，仔细查看梅山七怪，只见七怪胸前护心镜上都贴了数字牌，有两个人贴了"1"，剩下的还有"3""5""2""8""13"五个数字。

杨戬琢磨道：梅山七怪身上的数字牌是一组被打乱的数字，在被打乱之前，它们是按一种有趣的规律排列的。什么规律呢？

　　想了一会儿，杨戬想到这七个数字应该这样排：

1、1、2、3、5、8、13；

其中的规律就是：

从第三项开始，每一项等于前两项的数字之和；

$2 = 1 + 1$,

$3 = 1 + 2$,

$5 = 3 + 2$,

$8 = 3 + 5$,

$13 = 5 + 8$。

　　与此同时，诸侯中姚庶良已经从周军阵营中杀出，跟常昊对战。

　　常昊是蛇精，只见他脚下刮起一阵旋风，卷起一团黑雾，将姚庶良连人带马罩住，紧跟着自己现出大蟒蛇的原形，把口张开，吐出一阵毒气。姚庶良自然禁不住，昏倒于马下，常昊轻轻松松下马取了其首级，大呼道："谁还敢来？姚庶良便是你们的下场。"

众诸侯还没看出对手是妖精。这时，兖州伯彭祖寿拍马而出。吴龙见常昊立功，忍不住挥舞双刀，催马飞奔迎住彭祖寿，也不答话，两骑相交，刀枪并举，杀在阵前。

战未数合，吴龙使一招拖刀计，假意败走。等彭祖寿从身后赶来，吴龙突然现出蜈蚣的原形。只见一阵风起，黑云卷来，妖气迷人，彭祖寿吸了蜈蚣毒便不省人事。

杨戬对哪吒说："此二将都不是常人，妖气太凶。还是我与道兄一同除之吧！"

哪吒答应一声，便脚蹬风火轮，手使火尖枪，把枪一摆，直刺吴龙。吴龙急举刀，未及三四回合，哪吒祭出了九龙神火罩。呼一声，吴龙被罩在下面，顷刻间化为清风。

常昊见哪吒用火龙罩罩住吴龙，心中大怒，纵马持枪来战哪吒，半路被杨戬使三尖两刃刀拦阻。哪吒也兜头过来，二人双战常昊。

常昊见势不好，便败下阵去。杨戬也不赶他，取弹弓在手，随手发出金丸，照常昊脑后打去。常昊听到金丸破空之声，急忙化作长蛇，贴地而行，总算躲过了金丸，却没能躲过哪吒的神火罩。常昊也被罩住，顷刻间化作一道赤光不见了。

三军擂鼓声中，袁洪也纵马冲杀过来，大呼："姜子牙！我与你见个雌雄！"

杨任见袁洪冲来，跨着云霞兽，使出飞雷枪，敌住袁洪。两人打了五七回合，杨任取出法宝五火扇，照袁洪一扇，袁洪却一阵风似的逃走了，只烧死了他的战马。

自测题

有这样一组数列，你能找到它们的规律，并在括号中填入适当的数吗？

0、1、2、2、4、8、32、（ ）

从第 4 项起，每一项是前两项的乘积，所以括号内填入 256。

余忠追及朱子真

话说梅山七怪中已经有三怪出战，分别是白猿精（袁洪）、蜈蚣精（吴龙）、长蛇精（常昊）。虽然西岐军得胜，但三怪均未战死，还打伤了两个诸侯，令姜子牙心下不悦。

二番再战，韦护祭起降魔杵来打吴龙。哪吒也祭起九龙神火罩来罩常昊，可两怪还是变化原形逃跑了。

再说袁洪乃是白猿得道，变化多端，忽然使出绝招——元神出窍，把元神从头上现出。杨任正欲取五火扇，不料袁洪顶上白光中现出元神，手举一棍打来。杨任想要躲时，已经来不及了，被袁洪一棍打中顶门。可怜杨任自穿云关归周，才至孟津，未受封爵便横死沙场。

姜子牙见状只好鸣金收兵，为杨任阵亡伤悼不已。

杨戬判断袁洪等人应是精灵所化，需要用照妖镜才有胜算，于是只身前往终南山玉柱洞，从云中子手中借来了照妖镜。

次日，两军列开阵势再战。

常昊纵马挺枪奔来，直取姜子牙。这边杨戬催马舞刀，抵住厮杀，二马往来，刀枪并举，只杀得寒风凛凛，杀气腾腾。

两人战了十五回合，常昊拨马便走。杨戬随后赶来，取出照妖镜来照，照出了常昊原来是条大白蛇。

白蛇隐在黑雾里面，想要偷袭杨戬。杨戬用照妖镜看得分明，当即摇身一变，取相生相克之道，化作一条大蜈蚣，飞在白蛇头上，一剪两段，蛇精疼得在地上翻滚。杨戬趁机恢复本相，挥起三尖两刃刀，将此蛇斩作数段，再发一个五雷诀。只听雷声一响，此怪便灰飞烟灭了。

那边吴龙使双刀来战哪吒，杨戬偷偷取出照妖镜来照，得知吴龙原来是一条蜈蚣。杨戬又摇身一变，化作一只五色雄鸡，一嘴啄下去，将蜈蚣啄作数段，又除了一怪。

袁洪损失了两个兄弟，只好再派朱子真出战。朱子真是一只野猪精，长得长唇大耳，看着十分吓人。

南伯侯麾下副将余忠，手使狼牙棍，飞马来战朱子真。两人步马相交，剑棍并举，未及二十回合，朱子真转身就走。余忠被几个成汤的士兵纠缠，等他拍马追去时，朱子真已经在 300 丈开外，余忠直追了 2100 丈，才将将追上。

这边杨戬一直用照妖镜观察朱子真，发现对方是一只野猪精，并对朱子真的步行速度有了研究。

杨戬想：余忠开始追朱子真的时候，朱子真已经在300丈外了，也就是余忠骑马跑了2100丈，而朱子真只跑了2100 − 300 = 1800丈，两人才相会。

再根据余忠的骑马速度是每炷香时间跑140丈和追上的距离2100丈，可以算出追击所用的时间：

2100÷140 = 15（炷香时间）；

最后根据距离除以时间，得出朱子真的步行速度：

1800÷15 = 120（丈／炷香时间）。

所谓"知己知彼，百战不殆"，杨戬探明敌情，知道对付这位"大肚汉"不能像之前那样取胜，得换个方法。他眼珠一转，计上心来。

吴龙和哪吒二人同时从两军阵营相向而行，哪吒每分钟行5000米，吴龙每分钟行3000米，两人在距中间点300米处相遇。你们知道两军阵营的距离是多少吗？

　　"两人在距中间点 300 米处相遇"是正确理解本题的关键。从题中可知哪吒行得快,吴龙行得慢,哪吒过了中间点 300 米,吴龙距离中间点还有 300 米,就是说哪吒比吴龙多走的路程是(300×2)米,因此,

　　相遇时间 = (300×2) ÷ (5000 - 3000) = $\dfrac{6}{20}$ (分钟);

　　两地距离 = (5000 + 3000) × $\dfrac{6}{20}$ = 2400 (米)。

　　验算一下:

　　相遇时,哪吒行了 5000 × $\dfrac{6}{20}$ = 1500 (米);

　　吴龙行了 3000 × $\dfrac{6}{20}$ = 900 (米);

　　吴龙距离中间点是 1200 - 900 = 300 (米),哪吒是过了中间点又往前行了 1500 - 1200 = 300 (米),符合题意。

　　所以两军阵营的距离是 2400 米。

朱子真杀了余忠后，再回到阵前，杨戬当即催动战马，挥舞三尖两刃刀，来战朱子真。未及数合，朱子真还是用老招数，抽身败走，然后突然一回身，将杨戬一口吃下肚子。

这边姜子牙见大将杨戬也被对方吞入肚中，急忙鸣金收兵。

朱子真得胜，腆着大肚子，得意扬扬地来见袁洪。袁洪大喜，要置办酒席为朱子真庆功。朱子真拍着肚子哈哈笑道："元帅不必麻烦，俺老朱已经在战场上吃得饱饱的啦！"

朱子真得意了没多久，等他睡到二更时分，忽然被腹痛疼醒了，听得肚子里有人说话："朱道人！你可知道我是谁？"

朱子真吓得魂不附体，忙问："你是谁？声音怎么会从我肚子里传出来？"

肚中人答道："我是玉泉山金霞洞玉鼎真人门徒杨戬。今天咱俩还过过招呢，你不会忘记了吧？现在我在你的肚子里玩耍，拿你的肠子荡秋千呢！"

"快别荡，快别荡，你在我肚子里荡秋千，可把我疼死了。"此时肚中又传来一阵绞痛，疼得朱子真眼泪都下来了。

杨戬便要挟朱子真化成原形，走回周营，如不答应，就令他求生不得，求死不能。朱子真很听话，真的化作大猪，呼噜呼噜一路走到周营门口。

正好南宫适巡营至辕门，见到一头大猪正感奇怪，杨戬在猪腹内大叫："南宫将军，这是梅山猪怪，已被我降伏，请报与元帅知晓。"

南宫适方才醒悟，忙赶回中军帐，报告姜子牙。姜子牙得知后，传令下去，由南宫将军手起一刀，将猪头斩落，再挂到营门上，向成汤阵营示威。

袁洪听后火冒三丈："像这样露出本相，成何体统？把吾辈在梅山修炼的千年道术，一代英名，都毁了……不杀了姜子牙我誓不罢休！"

袁洪又派出了杨显。杨戬用照妖镜一照，就知道对面这位"姓杨的"不是真本家，而是一只老山羊！杨戬不等他靠近，先变化成一只白额斑斓虎。杨显见杨戬克制了他，急欲逃走，被杨戬追上，羊入了虎口。

杨戬继续在营门前叫阵。

袁洪只得再遣戴礼出营。戴礼是一只得道千年的神獒，他还有一个奇怪的招数，能够口吐碗口大小的红珠。这暗器数量多、速度快，居然把先锋官哪吒打得败下阵来。杨戬见哪吒失机，听对方口音，不用照妖镜照就猜到必是犬类，于是这次出战特意带上了哮天犬。

戴礼见杨戬冲来，毫不示弱，大喊道："好你个三目儿郎，让你见识见识我口中红珠的厉害！"

戴礼每说一个字便吐出一粒红珠，他加快了说话的语速，把那红珠吐得如漫天冰雹似的。可是一片红云过后，杨戬不仅毫发未伤，还把所有红珠都徒手接住了，高叫道："再多来几粒，正好串成项链，送给我家元帅当礼物！"

戴礼惊得目瞪口呆，不知道哮天犬偷袭到跟前，照他的屁股上就是一口。正是"狗咬狗，一嘴毛"，戴礼疼得哇哇大叫。杨戬趁机赶来手起一刀，结果了狗精。

"可惜了，要不是我已经有了哮天犬，就收你做宠物了。"杨戬叹道。

不多时，成汤营中又杀来一将。杨戬定睛一看，只见那人身高一丈六尺，顶上双角，卷嘴尖耳，金甲红袍，十分轩昂。再用照妖镜一照，原来是一头水牛精！

杨戬悄悄对哪吒说了对方的底细，哪吒便拎起乾坤圈说："他有牛鼻子，我有乾坤圈，这次由兄弟我来收拾他！"

"来将快报上名来！"哪吒用火尖枪一指牛精。

"吾乃袁洪帐下副将金大升是也，哞——"

原来这牛精还会口吐牛黄，喷出来如火雷一般，却把哪吒高兴坏了，"牛黄可是宝啊，你们打仗就打仗，还老送什么礼物！"哪吒轻轻松松收下牛黄，猛地把乾坤圈一掷，正砸中牛精的鼻子，顿时现出原形，鼻子上也被乾坤圈穿了环，拉回周营正法。

梅山七怪已灭了六怪，袁洪只好亲自出马。

这边杨戬出列，来战袁洪。袁洪现出原身，一只巨大的白色苍猿跳至半空，往杨戬头上劈头一棍，打得火星迸出。

杨戬会七十二变，当即化作一道金光，飞在空中，也照袁洪顶上一刀，劈将下来。这袁洪也有八九玄功，恰好与杨戬的七十二变棋逢对手，随刀化作一道白气，护住其身。

杨戬大喝："梅山猿头！也敢弄术？"

袁洪大怒道："你有多大本领，敢将我六个兄弟尽数杀害？我与你势不两立！"

他二人嘴上斗口，手底下也不闲着，各使神通，变化无穷。变化出的飞禽走兽都是相生相克，只是杨戬的变化速度快，总能变出更高等的动物克制袁洪！

袁洪一路逃到梅山，忽然不见了踪影。杨戬正四面观望，忽听得崖下一声响，蹿出千百只小猿，个个手执棍棒，齐来乱打杨戬。杨戬见众小猿灵活善斗，知道不能取胜，只好暂且隐遁。

杨戬刚转过一道山坡，只听一派仙乐之音，满地祥云缭绕，料定必有大仙降临。果然，来的大仙正是女娲娘娘。

杨戬俯伏山下，叩首道："弟子杨戬，不知如何降伏此怪，请娘娘指点。"

女娲娘娘幽幽地说道："今成汤气数已尽，周室当兴，吾特来助你降伏梅山猿怪。吾将此宝授你，可以收服此恶怪。"

杨戬叩首拜谢，将此宝展开，原来是一幅山河社稷图。

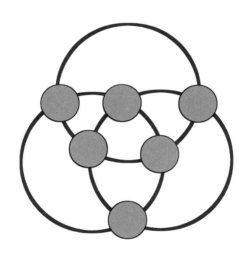

女娲娘娘又说道："使用山河社稷图，需在图中每个小圆上各填1个数字，使围绕每个大圆的各个小圆的数值加起来都等于10，即可发挥宝物的威力。"

杨戬眼珠一转，便知如何填写：

$3 + 0 + 2 + 5 = 10$；

$4 + 0 + 1 + 5 = 10$；

$4 + 2 + 1 + 3 = 10$。

如下图所示。

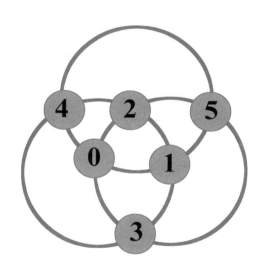

　　杨戬拿好山河社稷图，又去了趟梅山。那些小猿早被女娲娘娘降临的仙乐声吓跑了，只有袁洪一人站立于山巅。杨戬便使开三尖两刃刀直取袁洪，袁洪也使开一气水火棍迎面还击。二人又大战几十回合，杨戬转身就走，袁洪随后赶来。杨戬下了梅山，悄悄抛出了山河社稷图，往前上了另外一座高山。袁洪也赶上山来，他不知此山乃山河社稷图变化的。袁洪赶上山来，就是入了圈套，从此被封印在图中，在圆环小路上日复一日地奔跑，再不能下山。

自此，梅山七怪，尽皆战败。

话说姜子牙带领西岐大军一路冲进朝歌城。纣王还在宫内与妲己把酒言欢，忽听得一片杀声震天，纣王大惊，忙问左右："外面乱哄哄的，莫不是有乱民造反？"

很快有探马来报："启奏大王！朝歌军民人等已献了城池，天下诸侯之兵都在午门外扎营了！"

"呜呼哀哉呀！"直到此刻，纣王才知道大事不妙，慌忙撇下妲己，披胄挂甲，整点御林军，准备背水一战。

只听周营炮响，喊声大震，金鼓齐鸣，如天翻地覆之势。纣王这边也跨着逍遥马，手提金背刀，整顿銮驾，排出午门。

纣王只见对面的姜子牙皓首苍颜，身披甲胄，手执宝剑，神采奕奕，又见东伯侯姜文焕、南伯侯鄂顺、北伯侯崇应鸾，当中还有武王姬发总督诸侯，他们各自打着红罗伞，整整齐齐地立在姜子牙身后。

纣王死到临头，还想再撑撑场面，于是朗声道："好你个老匹夫，本来在朕的阶下称臣，为何逃去西岐，纵恶反叛？今又会聚天下诸侯，恃凶逞强，不守国法，大逆不道！朕今日不杀你这贼臣，誓不回兵！"

姜子牙淡然一笑："好你个无道的昏君！还有脸说我？大王之大恶，恶贯满盈，你这是咎由自取！"

纣王不服，嘴硬道："朕有何罪，能称为大恶？"

姜子牙哼声道："好，我就当着天下诸侯，历数你的十项罪状！"

"你不敬上天，肆行不道，残虐百姓，杀戮大臣，轻信奸佞，酗酒肆乐，朋家作仇，败伦丧德，残忍惨毒……"

姜子牙一口气说下去，八百诸侯听得义愤填膺，齐声呐喊："愿诛此无道昏君！"

纣王眼见群情激愤，叫声不好，拨马便逃，一直逃到了摘星楼上，眼看大势已去，正不知作何打算，忽然楼下火起，烈焰冲天，不觉抚胸长叹道："悔不听忠谏之言，今日我命丧此地，固不足惜，却有何面目见列祖列宗呢？"

这边姜子牙也抓住了千年狐妖和她的余党九头雉鸡精。

至此，姜子牙挂帅助武王伐纣的故事就要告一段落了。接下来，姜子牙还要在封神台上封神，为这场封神大战画上一个完美的句号。

封神台上内外两圈共有 16 张供桌，每张供桌上都要摆放 1~16 这 16 个数字牌位，只有使无论横竖或者对角线的数字相加都等于 34，才能正式开启"封神"模式。

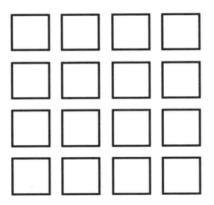

这 16 个数字牌位要如何摆放呢？这自然难不住久经考验的姜子牙。

首先，姜子牙按顺序把 16 个数从上至下、从左至右依次填入：1、2、3、4、5、6、7、8、9、10、11、12、13、14、15、16（如下页图所示）。

接着，姜子牙把内外圈总共 4 个对角（大的对角和小的对角）数字进行交换，即 1 和 16 交换，4 和 13 交换，6 和 11 交换，7 和 10 交换（如下图所示）。

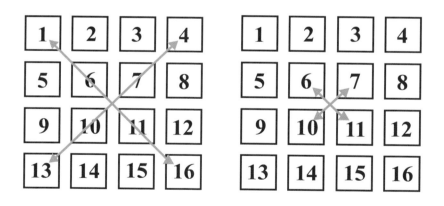

最后，无论横竖或者对角线的数字相加都等于 34（如下页图所示）。

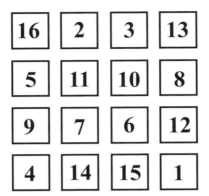

数字牌位摆放完毕，姜子牙正式开始封神，一共封了三百六十五位正神。随后，武王分封列国诸侯，《封神演义》的故事至此也结束了。

数学桌面小游戏

找你的小伙伴一起来做这个游戏吧!

游戏准备:

横 4 纵 4 共 16 个格子的正方形棋盘和与小方格大小一致的 15 个棋子(上面分别写 1~15)。

游戏人数:

一人、两人或多人。

游戏规则:

初始棋子摆放如下图所示。

1	2	3	4
5	6	7	8
9	10	11	12
13	15	14	

需要你和小伙伴们依次移动数字棋子,注意每次只能

将空格周围的棋子往空格处移动，直到棋子变成下图摆放方式，就算赢得游戏，看看谁最先走出来。

	1	2	3
4	5	6	7
8	9	10	11
12	13	14	15

参考答案：

通过依次移动 14、11、12、8、7、6、10、12、8、7、4、3、6、4、7、14、11、15、13、9、12、8、4、10、8、4、14、11、15、13、9、12、4、8、5、4、8、9、13、14、10、6、2、1，完成游戏要求（答案不唯一）。